CROIZETTE-DESNOYERS. **Travaux publics en Hollande.**
In-4 et Atlas. 40 fr.
DARCY-BAZIN. **Écoulement de l'eau et propagation des ondes.** 2 vol. in-4 et 2 atlas. 55 fr.
DEBAUVE. **Manuel de l'Ingénieur des Ponts et Chaussées.** Descriptive, Physique, Géologie, Travaux, Géodésie, Mécanique et Machines, Routes, Ponts, Tunnels, Chemins de fer, Constructions civiles. 4 gr. vol. in-8 et Atlas, reliés. 200 fr.
DEBRAY. **Cours élémentaire de Chimie,** 3e édit. 2 gr. in-8 avec vignettes. 24 fr.
DE DARTEIN, Professeur d'architecture à l'École polytechnique. **Étude sur l'Architecture Lombarde** et sur les origines de l'Architecture Romano-Byzantine. Les 15 premières livraisons, 1 vol. in-4 et 60 planches. 75 fr.
DE FREYCINET. **Assainissement industriel et municipal** en France, en Angleterre, en Belgique et en Prusse. 2 vol. in-8 et 2 atlas. 20 fr.
DE LAGRENÉ. **Navigation intérieure.** 3 v. in-4 et 3 atl. 75 fr.
DES CLOIZEAUX. **Manuel de Minéralogie.** Tome Ier et 1re partie du tome II. 2 vol. in-8 et Atlas. 39 fr.
DOULLIOT-CLAUDEL. **Traité de la Coupe des Pierres.** In-4 et Atlas. 30 fr.
DUPUIT. **Traité des Ponts en maçonnerie,** stabilité, fondations. 1 beau vol. in-4 et un fort Atlas. 60 fr.
— **Traité théorique et pratique** de la Conduite et de la Distribution des Eaux, 2e édit. 1 fort vol. in-4 et Atlas de 47 pl. 45 fr.
ECK, Architecte. **Constructions en poteries et en métal.** Principes et applications diverses, 2e édition entièrement revue et considérablement augmentée, notamment de plusieurs chapitres sur la Fabrication et l'emploi de la Tôle, et de 14 pl. 1 fort vol. in-4 et 2 atlas. Relié élégamment. 80 fr.
EMY. **Traité de l'Art de la Charpenterie.** Nouvelle édition, revue, complétée de nombreux documents et augmentée d'un résumé des données pratiques les plus utiles pour les Charpentes métalliques, par M. BARRÉ, Ing. civ. 3 v. in-4. Atlas de 200 pl. 125 fr.
GRAEFF. **Appareil et Construction des Ponts biais,** 2e édition. In-4 et Atlas. 12 fr. 50
GRUNER. **État présent de la fabrication de l'Acier.** 3 vol. in-8 et planches. 10 fr.
— **Du Plomb.** In-8 et planches. 4 fr. 50
— **Cours de Métallurgie professé à l'École des Mines :** Principes généraux, combustibles, fonte, fer, acier (*sous presse*). En vente le tome Ier, gr. in-8 et Atlas. 30 fr.
JACQUET. **Tracé des Courbes de raccordement.** In-8. 6 fr.
KNAP-MÉRIJOT, **Chimie industrielle.** Tome Ier et tome II. 2 forts vol. grand in-8. 50 fr.
LEDIEU. **Traité des Appareils à vapeur de Navigation.** 3 vol. in-8 et Atlas de 27 planches et tableaux. 45 fr.
— Supplément ou les **Nouvelles Machines marines.** T. Ier. 30 fr.
— **La Rotative américaine Dehrens** et la question de la stabilité des machines. Grand in-4, avec nombreuses fig. sur bois, parfaitement gravées. 7 fr. 50
LEVEL, Ingén. des Arts et Manufactures. **Des Chemins de fer** d'intérêt local. 1 fort vol. grand in-8, relié. 10 fr.
LOCARD (E.). **Dessin linéaire** appliqué aux arts et à l'industrie. 1 vol. in-8 et Atlas de 35 planches in-fol. 18 fr.

MALÉZIEUX. **Chemins de fer anglais en 1873.** In-4 (
planches. 16 fr

— **Souvenirs de mission aux États-Unis.** In-8 et 7 pl. 7 fr. 5

MALLARD. **Cours de cristallographie à l'École des mines**

MANGON. **Emploi des eaux dans les irrigations.** 2ᵉ édit.
suivie d'un complément sur les limons. Grand in-8 avec pl. 6 fr.

— **Traité de génie rural.** Mécanique agricole. Gr. in-8 et atl. 45 fr

MEUNIER. **Éléments de géologie.** In-8 avec vignettes. 8 fr

MOINET-DEBIZE. **Traité général d'hologerie.** 2 gr. in-
avec planches. 35 fr

MOISSENET. **Parties riches des filons du Cornouailles**
In-8 et planches. 15 fr

MORANDIÈRE. **Traité de la construction des ponts**
2 parties. In-4 et Atlas. 80 fr

NADAULT DE BUFFON, Ingénieur en chef des Ponts et Chaussées. **Traité des Irrigations,** et notamment des Irrigations de
l'Italie septentrionale. 2 vol. et Atlas. 30 fr

NAVIER-SAINT-VENANT. **Application de la mécanique**
à l'établissement des Constructions et des Machines, t. 1ᵉʳ, 2 fas-
cicules. In-8. 25 fr.

OLIVIER (Th.) **Traité de géométrie descriptive.** 6 vol
in-4 et 6 atlas. 100 fr.

POCHET. **Nouvelle mécanique industrielle.** In-8 et vignettes. 9 fr.

REGNAULD. **Traité complet des ponts métalliques.** Grand
in-8 et Atlas de 25 à 30 planches. 25 fr.

REYNAUD, Professeur à l'Ecole polytechnique. **Traité d'Architecture.** Nouvelle édition.
1ʳᵉ partie. *Art de bâtir.* Etudes sur les matériaux de construction
et sur les éléments des édifices. 1 beau vol. in-4. Atlas de 87 pl. 75 fr.
2ᵉ partie. *Edifices.* Etudes sur l'esthétique, l'histoire et les conditions actuelles des édifices. 1 beau vol. in-4. Atlas de 92 pl. 90 fr.

— **Phares.** In-4 et Atlas 70 fr.

RIVOT, Ingénieur en chef des Mines. **Cours d'Analyse chimique**
professé à l'Ecole des Mines. 4 vol. in-8 et planches. 55 fr.

— **Métallurgie (cuivre et plomb).** 3 vol. et Atlas. 55 fr.

ROLLET. **Meunerie, Boulangerie et Conservation des**
grains. 1 vol. in-4 avec 15 planches, accompagné d'un magnifi-
que Atlas de 62 planches in-folio. 90 fr.

ROSSEL. **Réparation des ponts.** In-8, relié. 7 fr. 50

RUPRICH-ROBERT, Architecte du gouvernement, Professeur de
composition d'ornement à l'Ecole de dessin, **Flore ornemen-
tale.** 152 planches avec texte. 125 fr.

SARRAN. **Géométrie souterraine.** In-8 et Atlas. 9 fr.

— **Table des sinus.** In-8, relié. 6 fr.

SUREL-CEZANNE. **Torrents des Alpes.** 2 vol. in-8 avec vignettes, planches et cartes géologiques. 33 fr.

TERREIL, Aide de chimie au Muséum d'hist. naturelle. **Atlas de
chimie analytique minérale.** Grand in-8 raisin. 12 fr. 50

VILLEVERT. **Travaux d'art des chemins de fer.** In-4 car-
tonné, avec 36 planches et tableaux. 25 fr.

ZEUNER-MÉRIJOT. **De la Distribution par tiroirs dans
les machines, et notamment dans les locomotives.** In-8
et planches, relié. 9 fr.

Paris. — Imprimerie Arnous de Rivière et Cᵉ, 26, rue Racine.

L'INDUSTRIE HUITRIÈRE

DANS LE MORBIHAN.

PARIS. — IMPRIMERIE ARNOUS DE RIVIÈRE, 26, RUE RACINE.

L'INDUSTRIE HUITRIÈRE

DANS LE MORBIHAN

RAPPORT

DRESSÉ AU NOM DE LA COMMISSION DU CONCOURS DE VANNES

PAR

A. E. HAUSSER

INGÉNIEUR DES PONTS ET CHAUSSÉES

Publié sous les auspices de M. le vicomte DE RORTHAYS,
préfet du département,
par le Conseil général du Morbihan.

Avec vignettes et 5 planches

PARIS

DUNOD, ÉDITEUR

LIBRAIRE DES CORPS NATIONAUX DES PONTS ET CHAUSSÉES, DES MINES
ET DES TÉLÉGRAPHES
Quai des Augustins, 49

1876

INTRODUCTION.

L'huître, dont les qualités comestiblés sont si remarquables, abondait autrefois sur nos côtes. Elle a été d'ailleurs fort recherchée de tout temps. Les essais couronnés de succès de la culture de l'huître remontent à des époques reculées, et Coste a retracé en termes pleins d'intérêt l'ancienne industrie du lac Lucrin.

Au temps de la grandeur de l'ancienne Rome, le proconsul C. Sergius Orata était arrivé à une telle perfection dans la culture et l'amélioration des huîtres, que l'amour de la table, non moins que celui d'une villégiature pittoresque, amenait chaque année de nombreuses familles patriciennes dans les environs du lac Lucrin, sur la côte riante du golfe de Naples.

1

Dans les débris qu'on retrouve autour de certains camps romains, la coquille de l'huître se rencontre en abondance; toutes les fois qu'on recherche, en remontant l'histoire, le mode d'alimentation de l'homme, le coquillage en général et l'huître en particulier occupent une place prépondérante.

C'est que ces produits ont des qualités hygiéniques remarquables, et, à en juger par certaines ordonnances de médecins américains, on serait presque porté à croire que la chair de ce mollusque a les caractères d'une panacée universelle.

Nous n'avons pas à plaider ici la cause de l'huître et à déployer un luxe d'arguments pour en propager l'usage. La consommation, qui prend de si grandes proportions, est à elle seule une irréfutable démonstration. Lorsqu'on saura qu'en Amérique on consomme près de 10 milliards d'huîtres par an, qu'à New-York seulement on en vend annuellement pour 35 à 40 millions de francs, et que dans cette ville, d'après M. de Broca, on dépense plus d'argent pour les huîtres que pour la viande de boucherie, on aura une idée de la consommation américaine et de la place importante occupée par ce mollusque dans l'alimentation publique.

En présence et des qualités comestibles de ce produit et de la nécessité de le faire entrer dans la consommation, on comprend l'émotion avec laquelle on a vu la disparition de nos bancs français les plus importants.

Nous n'avons pas à chercher la cause du dépérissement sur les côtes de France; le fait est évident, et c'est le fait qu'il faut retenir. Coste, dont le nom restera attaché aux grands efforts tentés depuis cinquante ans pour répandre les procédés de pisciculture et de culture des plages maritimes, avait, avec ce coup d'œil qui caractérise les hommes de génie, embrassé toute la question avec ses conséquences.

Il est indispensable de retracer ici le programme de ce savant et ses principales idées.

Toutes les fois qu'on voudra faire de l'ostréiculture, c'est à Coste, et à Coste seul, qu'il faudra remonter, et toutes les fois qu'on voudra faire de l'ostréiculture pratique, il faudra réfléchir sur les insuccès de Coste et en méditer profondément les causes.

Voici en quelques mots quel était le programme du maître.

M. de Quatrefages avait admis que la fécondation artificielle de l'huître était possible; Coste a démontré que l'huître était hermaphrodite, que les œufs et le spermatozoïde naissent dans les tissus du même organe et que les manteaux de la mère constituent le seul milieu favorable à l'éclosion. Aussi écrivait-il dès 1860 cette parole pleine de vérité: « Chez les huîtres, « les procédés naturels sont les seuls praticables et qu'on doive conseiller à l'industrie. » (*Voyage d'exploration. Industrie du lac Fusaro.*)

Ainsi cette découverte excluait totalement la fécondation artificielle en usage en pisciculture, rendait le croisement des espèces impossible et conduisait à étudier l'évolution naturelle des fonctions de l'huître sans espoir d'avoir sur cette évolution une action quelconque.

La fécondité de l'huître est remarquable : chacune d'elles est capable de produire de un à deux millions d'œufs, du mois de juin au mois de septembre.

L'éclosion se fait, ainsi qu'il a été dit, dans le manteau de la mère ; les œufs, d'abord blancs, changent de couleur, et lorsque la teinte se rapproche du bleu ou gris ardoisé, le naissain est venu à maturité et est expulsé.

Frappé des récoltes qu'il avait observées au lac Fusaro, convaincu, après son voyage dans l'anse de la Seudre, que l'éducation peut améliorer l'huître et lui donner des qualités précieuses, persuadé par l'industrie des moules de la baie de l'Aiguillon que l'homme pouvait avoir une action puissante sur la récolte de ces coquillages, Coste conçoit un plan immense. Il affirme que dans les bassins ou claires la repro-

duction est possible ; il étudie des collecteurs,
cherche à récolter tout le frai lancé par les
huîtres mères, et déclare que presque toutes
nos côtes peuvent être ensemencées et trans-
formées en centres féconds de production.
Il insiste sur le rôle de la marine dans la
question.

« L'administration, dit-il, verra ainsi comme
« par enchantement la rade de Brest tout en-
« tière, les baies de Bretagne et les embou-
« chures de leurs rivières étendre leurs bancs
« isolés et les réunir par la création de bancs
« nouveaux en vastes champs de production ;
« les gisements affaiblis de Cancale, de Gran-
« ville, se relèveront en s'irradiant vers un grand
« nombre de localités voisines dont les fonds
« propices se prêteront facilement aux tentatives
« que l'on fera pour les enrichir. Le bassin
« d'Arcachon, toute la portion de la Manche
« qui s'étend de Dieppe au Havre, du Havre à
« Cherbourg, de Cherbourg à Granville, se cou-
« vriront de coquillages, et les bancs éteints des

« quartiers de la Rochelle, d'Oléron, de Roche-
« fort, de Marennes seront établis dans leur
« ancienne prospérité. » (*Rapport à l'empereur
du 5 février* 1858.)

Un pareil enthousiasme chez un homme de
science qui appuyait ses propositions sur des
observations indiscutables et sur les plus judicieuses applications de l'embryogénie, devait se
communiquer et créer comme par enchantement de nombreux adhérents.

A Saint-Brieuc commence le premier essai
en grand ; sur des huîtres mères déposées au
fond, sont placés des fagots retenus à des corps
morts ; le frai est lancé, la récolte abondante, et
au bout de quelques mois les premières brin-
dilles couvertes de naissain sont portées en
triomphe jusque dans le palais des Tuileries.

« Je me fais un devoir, dit Coste, de pro-
« poser à Votre Majesté d'ordonner le repeuple-
« ment immédiat de notre littoral tout entier,
« de celui de la Méditerranée comme de celui
« de l'Algérie, de celui de la Corse, sans en

« excepter les étangs salés du midi de la
« France...

« Dans ce siècle où, par une souveraine
« application des lois de la physique, une
« flamme invisible porte la pensée à travers les
« fils conducteurs dont le génie humain enlace
« le globe, la physiologie exercera son empire
« sur la nature organique par une application
« des lois de la vie. » (*Rapport à l'empereur
du 12 janvier* 1859.)

Coste ne doute pas du résultat, un insuccès
lui semble impossible ; il entrevoit la transformation complète du rivage maritime et s'écrie
dans sa lettre à l'empereur du 20 mars 1861 :

« Je remercie Votre Majesté de m'avoir placé
« aux avant-postes dans la plus grande entre-
« prise du siècle sur la nature vivante. »

Les essais se multiplient, mais le progrès et
le succès semblent et reculer et s'amoindrir
avec le temps. La baie de Saint-Brieuc est ba-
layée par la tempête. A Arcachon, le décourage-
ment s'empare des fervents adeptes de la pre-

mière heure, car on récolte peu ou point de naissain.

Coste entend résonner à ses oreilles le nom de charlatanisme : son œuvre est niée par ceux-là même qu'en prévision du succès, il avait comblés de faveurs, et nos Athéniens modernes prodiguent des critiques où ils n'épargnent ni le sarcasme ni l'amertume. Affaibli par le travail, privé de la vue, Coste lutte toujours ; il espère contre toute espérance et il maintient que l'application de ses principes changera même l'état social des populations maritimes (*) ; on ne lui répond que par l'incrédulité.

Il meurt à la tâche, abattu, profondément découragé et, jusqu'à la dernière heure, incompris de cette multitude qui méprise toutes les grandes idées auxquelles il manque le succès du jour.

Pendant que d'autres critiquaient, quelques

(*) Voir la préface de l'ouvrage de M. de la Blanchère, *Culture des plages maritimes.*

1.

hommes de bonne foi travaillaient, et en peu d'années, de 1868 à 1875, la production et l'éducation de l'huître avaient fait sur les côtes du Morbihan les plus remarquables progrès.

Nous voici en 1875 dans un département de France, au concours régional de Vannes.

Ceux qui ont visité la section d'ostréiculture pratique ont pu se convaincre que la question était entrée non-seulement dans le domaine pratique, mais aussi dans la phase du rendement industriel. Cinquante-quatre industriels avaient répondu à l'appel du préfet du département et, dans un réservoir préparé pour la circonstance, avaient apporté des échantillons de leurs produits. En outre, ils avaient jugé opportun d'exposer des types de leur matériel, de leurs outils et de leurs installations. Du premier coup d'œil on pouvait juger que cette branche d'industrie avait ses principes, ses procédés et son matériel consacrés par l'étude et l'expérience.

Deux grands prix avaient été spécialement réservés, outre les récompenses ordinaires, à l'ostréiculture :

Le premier pour l'industriel qui par sa persévérance et ses succès aurait le plus contribué au développement de cette branche spéciale de culture;

Le second pour l'auteur du meilleur mémoire sur la matière en général. Celui-ci ne fut pas distribué, tandis que l'on doubla le premier en attribuant l'un à M. Chaumel et l'autre à M. le baron de Wolbock.

Une commission spéciale fut instituée par les soins du préfet du département, sous la présidence d'honneur du préfet maritime. Les travaux de cette commission, l'étude des mémoires produits par les concurrents, l'examen des parcs, la discussion des procédés en usage dans le Morbihan, ont présenté un vif intérêt. Aussi fut-il décidé que dans un rapport d'ensemble la commission établirait l'état de l'ostréiculture du Morbihan en 1875, ses progrès, son avenir, ses besoins. C'était le couronnement obligé de ses travaux.

Désigné pour la rédaction de ce rapport, nous avons essayé de nous tenir à la hauteur d'une mission délicate et difficile. S'il y a dans ce mémoire quelques bonnes idées, c'est aux ostréiculteurs du Morbihan qu'il faut en attribuer l'honneur ; on y trouvera des imperfections, nous en réclamons la responsabilité et nous invoquons à l'avance l'indulgence qu'on ne refusera pas, nous l'espérons, à la bonne volonté.

Lorient, le 25 juillet 1875.

A. E. HAUSSER.

L'INDUSTRIE HUITRIÈRE

DANS LE MORBIHAN.

CHAPITRE PREMIER.

DES PARCS DE REPRODUCTION EN GÉNÉRAL.

Époque de la ponte. Zone des parcs. — La découverte du moment où les huîtres deviennent laiteuses et où l'intérieur se charge de millions d'œufs est trop importante et l'étude en est assez délicate pour que nous y consacrions quelques lignes.

Lorsque l'huître mère, par une série de contractions, lance autour d'elle ce nuage blanchâtre si riche en animaux vivants, elle laisse aux seules forces de la nature, au seul instinct de sa progéniture le soin d'arriver à la fixation et au développement du naissain. Les ouvrages de Coste et de ses imitateurs, entre autres de MM. Fraîche et de la Blanchère,

montrent la disposition de la jeune huître avec
sa coquille embryonnaire et sa proéminence
armée de cils, qui, dans un état de vibration
perpétuelle, constituent l'appareil transitoire de
natation. La jeune huître en mouvement perpétuel se soutient ainsi jusqu'au moment où,
trouvant un corps propice, elle vient s'y fixer.
Alors l'appareil transitoire s'atrophie et, en peu
de temps, on distingue une petite coquille,
de la grandeur d'une lentille, solidement atta-
chée aux parois du collecteur.

On avait remarqué que la vase n'était pas
favorable au dépôt du naissain et qu'il fallait
des corps durs et propres. Mais on ne savait à
quel moment placer ces corps dans l'eau, à quel
moment offrir aux œufs qui peuvent être pro-
jetés par la mère la surface sur laquelle ils doivent vivre pour un peu de temps au moins.

Beaucoup de parqueurs voyant les huîtres laiteuses en avril et mai avaient songé à placer, dès
cette époque, les appareils collecteurs. Leur dé-
ception fut complète et au point de vue industriel le résultat fut nul. Ce sont ces insuccès
subis par Coste lui-même, qui découragèrent les
premiers parqueurs.

M. Chaumel, dans un mémoire plein d'intérêt, a montré à la commission par quelle série d'expériences il était arrivé à tourner la difficulté.

« La situation, dit-il, en 1862-1863 était « très-tendue : dans des lettres désespérées « M. Coste ne me dissimulait pas qu'il était à la « veille de voir ses fonctions d'inspecteur gé- « néral supprimées, et réclamait de moi un suc- « cès que je commençais à entrevoir et à lui « faire espérer.

« J'avais en effet la profonde conviction que « le principe était bon, mais que nous ne sa- « vions pas l'appliquer, et c'est à cette applica- « tion que tendaient tous mes efforts.

« Avec la plupart des parqueurs, j'avais re- « marqué que le naissain n'était jamais attaché « que sur les parties propres des collecteurs et « nulle part ailleurs, et aussi que les appareils « qui avaient séjourné seulement quinze jours à « l'eau étaient déjà sales.

« Il en résulta pour moi la nécessité absolue « de trouver l'époque de la ponte qui devien- « drait nécessairement le moment de la mise « en place des collecteurs : le succès était là.

« Pour atteindre ce résultat indispensable à la

« réussite de l'œuvre, je fis bien des recherches ;
« mais ce furent les plus simples qui eurent le
« succès le plus complet.

« A toutes les grandes marées, à partir du
« mois d'avril, je fis placer à Pénerf et à Auray
« des ruches nouvelles et ouvrir en même
« temps une certaine quantité d'huîtres pour
« constater l'état du frai.

« Je remarquai que la laitance, d'abord
« blanche dans l'ovaire, descendait dans les
« branchies avec une couleur plus foncée qui,
« après avoir passé par le jaune et le violet, ap-
« prochait, à mesure que l'incubation avançait,
« de la nuance bleu ardoisé, et en même temps
« que cette teinte était acquise, je constatais
« sur nos derniers collecteurs la présence de
« nombreux naissains.

« La conclusion était facile à tirer : la teinte
« bleue nous avertissait que la ponte était im-
« minente et qu'on devait se hâter de monter
« les appareils.

« J'annonçai à M. Coste l'heureux résultat
« que j'avais obtenu et lui prédis dès lors un
« triomphe complet. »

Ce résultat, qui aujourd'hui paraît sans importance, avait, il y a dix ans, au moment de sa publication, une portée considérable. Quand on sut qu'à partir du 1er juillet environ, moment où les huîtres en laitance bleuissent, le jet du naissain était sur le point de s'opérer, on put, avec certitude et sans crainte d'envasement, poser les collecteurs destinés à recueillir la jeune huître.

C'est à partir du jour où cette époque fut bien fixée que le problème de la formation de la récolte de la jeune huître fut résolu.

Dans cette voie, d'ailleurs, des observations judicieuses devaient conduire au progrès. On a fait des essais divers. On a tenté de récolter le naissain d'huîtres mères étendues dans des bassins munis d'écluses. On a tenté aussi de récolter le naissain en portant simplement des collecteurs en rivière. Ce dernier mode de procéder a donné des résultats magnifiques.

On savait bien que l'époque de la pose devait être fixée vers le 1er juillet et l'on savait aussi que dans les parties basses, vers les grandes profondeurs, les résultats étaient meilleurs, mais on ignorait qu'il y eût encore une classification à faire, un ordre judicieux à suivre.

C'est au docteur Gressy (de Carnac) que l'on doit cette observation.

« Les collecteurs, dit-il, doivent être placés « dans la zone haute du 15 juin au 10 juillet.

« Les collecteurs de la zone basse ne doivent « être immergés que plus tard : du 10 juillet au « 1er août.

« Si l'on place dans la première période les « collecteurs de la zone basse, les polypes les « envahissent et ils ne prennent qu'un nombre « insignifiant de naissain.

« On n'observe jamais de polypes sur les col- « lecteurs de la zone haute parce que leur « graine ne résiste pas à la chaleur.

« Les polypes se trouvent en nombre d'au- « tant plus considérable sur les collecteurs que « ceux-ci émergent moins longtemps pendant « les grandes marées.

« Rien n'est plus facile à constater dans un « parc à reproduction.

« Au fur et à mesure que l'observateur des- « cend vers la limite profonde du parc, il voit « suspendu au-dessous des collecteurs des po- « lypes plus nombreux et plus volumineux. Au « 10 juillet, la ponte des polypes est passée ou

« à peu près. Celle de l'huître est encore très-
« abondante. Il en résulte que le naissain de
« l'huître adhère aux collecteurs de la zone
« basse sans être étouffé par la graine des po-
« lypes devenue rare.

« Cette loi physiologique, observée dans mes
« parcs, n'a pas encore été divulguée. »

On voit donc qu'avant de placer des appareils
destinés à capter le naissain, il faut non-seulement attendre jusqu'au mois de juillet pour
s'affranchir de l'envasement, mais encore suivre
un ordre méthodique : se porter sur les parties
hautes de fin juin à mi-juillet et sur les parties
basses de mi–juillet aux premiers jours d'août.

*Insuccès de la reproduction en bassin. Du
courant.* — La première idée n'a pas été de
récolter du naissain dans des embouchures de
rivières ou sur des plages. La remarquable fécondité de l'huître étant connue ainsi que
l'époque de la ponte, on s'est imaginé qu'il suffisait de mettre des huîtres mères en bassin, de
disposer à leur portée des organes collecteurs
et de laisser agir la nature. Ce procédé, qui a
conduit bien des parqueurs à employer des

ruches où les huîtres mères étaient superposées
à des coquilles ou autres organes collecteurs,
avait été recommandé par Coste. Si une huître
mère produit deux millions de naissains, des
milliers d'huîtres mères produiront les milliards
nécessaires à la consommation publique, et cela
tout naturellement dans des espaces relative-
ment restreints. Tel était le raisonnement aussi
saisissant que logique en apparence.

Le programme est tracé en toutes lettres par
Coste dans sa relation de l'industrie de Marennes.

« Chaque établissement, dit-il, transformé
« ainsi en véritable usine où l'action de
« l'homme crée toutes les conditions d'influence
« et les varie à son gré, fera à la fois fonction
« de banc artificiel fournissant la semence et
« d'appareil de perfectionnement pour la ré-
« colte ; en sorte que les huîtres verdies et de-
« venues marchandes seraient remplacées
« chaque année dans les claires par leur pro-
« géniture qu'on aura soin de recueillir et
« d'élever dans les lieux mêmes où elle a pris
« naissance ; donnant ainsi, par ce roulement
« indéfini, des produits sans cesse renouvelés. »

Les essais faits dans le Morbihan d'après ce procédé, ont donné à cette séduisante théorie le démenti le plus catégorique.

On n'obtient pas de rendement industriel en essayant de faire de la reproduction en bassin, telle est la conséquence à laquelle on est arrivé, et cette conséquence est aujourd'hui indiscutable.

Quelle en est la raison?

C'est là une question qu'il est utile d'élucider, car dans cette délicate industrie de la reproduction de l'huître, le progrès nécessite l'étude de tous les phénomènes, même de ceux qui, au premier abord, semblent n'avoir qu'une action secondaire.

Nous avons dit plus haut qu'au moment où l'huître confie son frai aux flots de la mer, le naissain microscopique avec son embryon de coquille est muni d'un appareil transitoire de natation qui lui permet d'évoluer et de se soutenir.

En bassin, le naissain lancé tombe au fond et n'y eût-il sur le sol ni vase ni limon, n'y eût-il que des corps propres, préparés pour le recevoir, il s'y attache en bien minime proportion.

Certains parqueurs, et entre autres M. Charles

qui possède près de Lorient d'importants établissements d'élevage, attribuent l'insuccès à la
salure des eaux en bassin, et à leur température.
Suivant lui, en outre, l'huître mise en bassin y
est malade : transportée, manipulée, remuée
pendant la période de fécondation, la concep-
tion se fait dans des circonstances pénibles et le
jet du frai n'est qu'un avortement qui met au
jour des mort-nés.

Suivant d'autres, et Coste avait prévu cette
difficulté, il est impossible de ne pas avoir en
bassin de la vase et du limon où les jeunes huîtres viennent mourir.

Tout en accordant à ces actions diverses un
effet plus ou moins important, mais un effet
certain, il faut remonter à d'autres causes, et
nous touchons ici à un des points les plus importants de l'ostréiculture : nous voulons parler
de l'action des courants.

Nous croyons, et cette opinion est fondée sur
les déclarations des plus importants parqueurs
du département du Morbihan, tels que MM. Chaumel, Gressy, de Wolbock..., que le courant est
indispensable à la vie et au transport du naissain.

Sur les côtes de l'Océan, les marées agissent avec une intensité qui varie avec la situation des plages. Près de terre, dans les anses, à l'embouchure des fleuves, les ondulations dues aux phénomènes d'attraction engendrent des courants dits courants de marée. Dans les fleuves eux-mêmes il y a des courants qui portent tantôt les eaux de la mer vers l'intérieur des terres avec le flot, tantôt des terres vers la mer avec le jusant.

Ces courants ont même ceci de remarquable, c'est qu'ils sont inégalement distribués : dans une tranche verticale, souvent lorsqu'il y a flot à la surface des eaux, il y a jusant au fond, et lorsque le flot vient actionner le fond, le jusant occupe parfois encore la surface.

Or, il est démontré aujourd'hui que l'huître mère ne lance son frai que lorsque le flot commence à s'établir.

« Chose admirable! s'écrie M. Chaumel, ja-
« mais la mère, dans la crainte sans doute de
« laisser ses petits sur un sol qui va découvrir et
« où ils trouveraient la mort, ne les abandonne
« avec le dernier jusant : toutes les expulsions
« que j'ai observées ont eu lieu au premier flot

« quand les huîtres commençaient à être bien
« couvertes par l'eau montante, mais jamais,
« jamais lorsque la mer allait les laisser à sec. »

On peut parfaitement admettre l'instinct de
l'huître mère, d'autant plus que nous aurons dans
la suite à parler de l'instinct du naissain ; mais
on pourrait croire aussi que les eaux du jusant,
moins pures et moins vivifiantes que celles du
flot, placent l'huître mère dans un milieu moins
favorable.

Après avoir été longtemps baignée par le jusant, elle se dresse contre le flot qui vient
l'inonder, et sous sa pure et vivifiante action,
elle se contracte en lançant au loin sa progéniture.

Soit que l'on considère cette seule action des
courants sur l'éclosion des jeunes huîtres, soit
que l'on examine l'effet des courants sur le développement général, on arrive toujours à conclure, en s'appuyant sur des observations pré-
cises, que le courant est nécessaire à l'huître,
indispensable à sa vie normale. Si elle s'engraisse
et verdit en bassin, c'est qu'elle se trouve dans
des conditions anormales, et l'on sait fort bien
que des animaux parqués, engraissés ne se

trouvent pas, eux aussi, dans des conditions favorables pour la reproduction.

Ainsi donc, le courant faisant défaut à l'huître, cette dernière, tout en remplissant ses fonctions naturelles, met au jour un naissain imparfait. Mais si le courant est nécessaire à la mère, il l'est plus encore à la jeune huître. Le naissain n'est pas capable de se transporter au loin avec son appareil transitoire de natation. Le cercle de sa libre détermination, s'il nous est permis d'ainsi dire, est très-restreint. Dans une goutte d'eau ses cils, en vibration, le font mouvoir en tout sens, mais il n'a pas les moyens de remonter un courant ou de fendre au loin une eau tranquille. C'est le courant seul qui le transporte ; c'est le courant seul qui le maintient et met à sa portée tout ce qui est nécessaire à son développement et à sa vie ; c'est le courant seul qui lui permet de se fixer facilement sur les organes collecteurs.

« L'appareil locomoteur, dit fort bien M. Chau-
« mel, est en même temps, j'en suis certain, un
« organe de respiration, d'audition et de vision
« au moyen duquel le naissain peut rencontrer
« le corps solide auquel il s'attache. »

2

On peut donc conclure que si la reproduction
en bassin doit être abandonnée, cela tient à ce
que, faute de courant, l'huître mère met au jour
un naissain imparfait. Ce naissain, d'ailleurs, est
incapable de se transporter, il est rachitique,
épuisé dès sa naissance, et tombe pour la plus
grande partie au fond des bassins où il meurt en
présence même des collecteurs.

Ces conclusions ne s'appliquent qu'aux bassins d'une surface moyenne variant de 1 à 2 hectares. Dans d'immenses lacs de 15 à 20 hectares
il se passe des phénomènes spéciaux et il peut
se produire des mouvements soit au fond, lors
du renouvellement des eaux, soit à la surface
par l'action du vent qui permettent dans une
certaine mesure une bonne fécondation et une
bonne récolte. Mais au total il est bien admis
dans le Morbihan, aujourd'hui, qu'il faut complétement renoncer aux bassins grands ou petits et rechercher de préférence l'action naturelle des eaux dans les chenaux, les anses et les
rivières. C'est plus économique et le résultat est
plus certain.

Nous ne pouvons mieux faire que d'a-
jouter à ces considérations l'appréciation de

M. Chaumel qui a une grande autorité en la matière :

« Je regrettai, dit-il en parlant des ouvrages « faits dans la rivière de la Trinité, de voir éta- « blir à très-grands frais de magnifiques réser- « voirs dans lesquels on espérait avoir de la « reproduction.

« Je sais bien que l'on trouve quelque part « que dans les claires de verdissage on peut « aussi récolter du naissain et l'on cite un exem- « ple de coquilles qu'on y avait placées et qui « ont été retrouvées garnies de jeunes huîtres.

« Je suis tellement persuadé que la chose « n'est pas possible que j'ai toujours pensé que « ces coquilles étaient, sans qu'on s'en soit « aperçu, garnies de naissain avant d'être mises « dans les claires.

« La température de l'eau dans ces étroits bas- « sins atteint, sous l'action des rayons solaires, « celle des bains tièdes, et doit s'opposer à toute « reproduction un peu sérieuse du moins.

« Les réservoirs pour la reproduction du « naissain, les parcs murés sont des erreurs des « premiers temps. Il faut au contraire éviter « tout ce qui peut entraver la marche du cou-

« rant : c'est une condition essentielle pour
« réussir. »

*De l'envasement sur les côtes du département
du Morbihan.* — Ce courant si utile, si vivifiant,
si nécessaire, porte cependant dans son sein un
élément considéré comme destructeur. Il charrie
cette vase placée par certains parqueurs au rang
des mortels ennemis de l'huître.

« La vase, poison mortel de l'huître, grande
« ou petite. » (De la Blanchère, *Culture des
plages maritimes.*

« Que faut-il cependant pour qu'une huître
« prospère? Bien peu de chose. Un point solide
« et une eau sous vase. » (*Ibid.*)

Nous pourrions multiplier les citations de
Coste, de M. Fraîche et d'autres : sur ce point
il semble y avoir presque unanimité.

Nous paraîtrons donc paradoxal en posant en
principe que sur les rives du Morbihan les huîtres ne prospèrent que là où il y a de la vase ;
le fait est incontestable ; il n'y a de reproduction que dans les estuaires vaseux, il n'y a
de bons parcs que dans les abris presque enva-

his par le limon. Cette assertion semblerait extraordinaire si elle n'était expliquée. Dans cet ordre d'idées, nous allons être conduits à établir les conditions qu'une côte doit remplir dans le Morbihan pour qu'elle se prête à la culture de l'huître en général.

Le fond de la mer, au large, est uniquement composé de vase, les sondages nombreux qui ont été exécutés, les explorations tentées ne laissent aucun doute sur ce point. D'un autre côté, on sait que dans nos rivières, à Auray comme dans le Scorff et le Blavet, certaines rives s'exhaussent, et quand la mer se retire, laissent apparaître d'immenses surfaces noires ou brunes dans lesquelles un homme s'enfonce facilement jusqu'au cou. D'où provient cette vase fine, ténue, légère, qui a semblé compromettre à un moment le port de Saint-Nazaire et contre l'action de laquelle on a eu tant de luttes à soutenir? Est-ce un produit des rivières ou de la désagrégation permanente des rochers et des côtes? Pourquoi envahit-elle toutes les embouchures de nos rivières, toutes nos anses, toutes nos criques? Il y a une certaine utilité sinon à approfondir chacune de ces questions du moins

2.

à donner quelques indications générales, les seules que notre sujet comporte.

La trituration permanente des roches, celle d'aujourd'hui et celle qui s'est produite depuis des siècles par l'action de la mer sur les caps avancés, donne naissance à trois produits principaux : le gravier, le sable et la vase. Ces matières sont transportées par l'action des lames. Le gravier n'est remué que dans les gros temps ; soulevé par le déferlement des ondulations qui rencontrent les côtes ou hauts-fonds, il chemine lentement et se cantonne dès qu'il y a, non du calme, mais un abri relatif.

Le sable est plus souvent remué que le gravier ; mais c'est la lame seule qui l'enlève, le transporte et le laisse déposer dès qu'un calme plus considérable que celui qui amène le dépôt des graviers vient à se produire.

La vase, au contraire, fine, ténue, entrant comme en dissolution dans l'eau, reste suspendue pendant longtemps dans la mer. Entraînée par le courant qui est sans action sur les sables et graviers, elle pénètre dans les anses, les estuaires, les fleuves et rivières, et là elle se dépose dans les remous, en amenant l'exhaussement des rives.

En essayant de tirer une conclusion de la marche des alluvions marines, on arrive a formuler la proposition suivante : Toutes les fois qu'on voudra examiner si une anse, un estuaire ou une plage abritée possède un calme réel, il suffira d'examiner la nature du fond. Est-il vaseux? le calme est complet. Est-il sableux ? il y a une agitation relative. Est-il graveleux ? il y a une violente agitation et les mauvais temps peuvent le bouleverser.

Or, la première condition pour faire de l'ostréiculture sur une côte, c'est du calme.

Quelle que soit la richesse du fond en éléments que les huîtres recherchent, s'il n'y a pas de calme, il n'y aura ni reproduction ni élevage possibles.

En conséquence, délimiter sur une carte du Morbihan la zone des cantonnements de vase, c'est délimiter la zone des fonds où l'huître se cultive, et, sans avoir visité les lieux, on peut, en lisant la carte qui est jointe à ce mémoire, déclarer que l'ostréiculture n'est et ne sera possible que dans le Scorff, le Blavet, l'anse de Gâvres, la rivière de la Trinité, de Saint-Philibert, la rivière d'Auray dans le golfe du Morbihan, dans l'estuaire de Pénerf et l'entrée de la Vilaine.

Ce sont précisément les points où les parqueurs se sont établis.

Il faut renoncer à faire de l'ostréiculture à l'entrée de la rivière d'Étel, le long de la presqu'île de Quiberon et dans les abris que peuvent présenter les nombreuses anses des îles de Groix, de Belle-Ile, de Houat et d'Hœdick.

On objectera, en se reportant à nos développements mêmes, que si la vase se cantonne dans les anses abritées, elle amène la surélévation du fond et qu'en conséquence les parqueurs du Morbihan auront à lutter contre des envasements dont la constance n'aura d'égale que l'intensité. Il y a un équilibre qui finit par s'établir, et cette notion est assez utile aux parqueurs pour trouver place ici.

Il semble que toutes nos rivières du Morbihan aient eu, pendant la révolution géologique qui a donné à nos côtes leur forme actuelle, des embouchures en complète disproportion avec leur importance. Le Scorff et le Blavet, humbles rivières, viennent majestueusement se réunir dans la rade de Lorient et y présentent des pro-

fondeurs qui ont fait choisir ces emplacements,
d'abord pour le grand centre de la Compagnie des
Indes, ensuite pour un grand port de guerre. Ces
rivières, à 10 kilomètres de leur embouchure,
ont perdu toute importance; ce sont de petites
rivières et plus à l'amont ce sont, le Scorff surtout, des ruisseaux hantés par la truite et qui
roulent de faibles eaux dans de modestes vallées
granitiques.

Le rôle fluvial, s'il est permis d'ainsi dire,
est nul, et le régime des rivières à leur embouchure est exclusivement maritime. Les
vallées intérieures et supérieures ne donnent
pas d'alluvions fluviales : ce sont les phénomènes que la mer y produit qui seuls sont à
observer.

Les eaux, nous l'avons dit, pénètrent chargées
de vase dans les grandes embouchures ; le calme
y existant, les fonds se sont successivement relevés. Mais ce relèvement a eu un terme. Aujour-
d'hui l'équilibre est établi et il y a équivalence
entre la puissance atterrissante et l'action cor-
rosive des courants de marées; de sorte que
les eaux arrivent chargées de vase et s'en re-
tournent chargées de vase sans amener aucun

surélèvement du fond. Deux forces égales et
contraires ont ainsi leur action annulée. Nous
insistons sur ce point parce qu'il y a d'impor-
tantes conséquences à en déduire au point de
vue de l'ostréiculture dans la phase de l'élevage
surtout. La section d'équilibre du lit de nos
rivières étant atteinte, toutes les fois qu'on mo-
difiera cette section, les forces dont nous avons
parlé entreront en jeu.

Si l'on creuse ces rivières, la profondeur ayant
augmenté, la vase se déposera rapidement, jusqu'à ce que le surélèvement du fond soit de
nouveau arrivé au point où l'équilibre se pro-
duira entre la force d'atterrissement des alluvions et la force d'entraînement des courants. A
ce moment tout envasement s'arrêtera. Si, au
contraire, on vient à répandre dans les chenaux
de la vase fluide qui surélève momentanément
le fond, les courants produiront un curage naturel et en peu de temps, la vase accidentellement déposée sera enlevée, chassée et les fonds
nettoyés. Que si enfin on établit dans les rivières
des obstacles fixes, ils y produiront des remous,
une modification des courants et par suite un
envasement dont il est plus facile d'affirmer

l'existence que de déterminer *à priori* l'intensité et la portée.

Dès le début donc de l'étude de l'ostréiculture du Morbihan, nous trouvons ces deux éléments : le courant et l'envasement dont la marche est soumise à des lois naturelles auxquelles nos parqueurs ont dû se soumettre. Ce n'a pas été sans hésitation et sans tâtonnements qu'ils sont arrivés au résultat. Les difficultés qui se sont présentées, les insuccès qui se sont produits, les pertes, parfois considérables au début, ont montré que ce n'est pas impunément qu'on essaye de se soustraire à l'action des phénomènes naturels.

Lorsqu'on viole les lois de la nature, cette dernière sait se venger, et il vaut encore mieux se soumettre et tourner la difficulté.

Ainsi le dit M. le docteur Henri Leroux, qui est un observateur plein de finesse et d'intelligence :

« Nous comptons parmi les ardents partisans « de la science, mais nous ne voulons lui de- « mander que l'application de découvertes pra- « tiques. C'est à nous de la consulter pour tirer « le meilleur parti du sol sur lequel nous avons

« à travailler ; mais il y a bien du danger à lutter
« contre la nature. »

La science et le travail, l'étude et l'observation s'imposent à tout parqueur dans le département du Morbihan.

Maintenant que l'on sait l'importance du
courant et de l'envasement, on comprendra tous
les mérites de nos industriels qui se trouvent
dans des conditions désavantageuses à plus d'un
point de vue. Mais le succès est chose acquise,
grâce à cette fermeté et cette énergie éminemment bretonnes.

......Labor omnia vincit
Improbus.

*Qualités générales d'une rive en vue de la
création d'un parc de reproduction.* — En faisant
de la reproduction, les parqueurs du Morbihan
n'hésitent donc pas à se placer sur les rives
vaseuses de la rivière de la Trinité ou d'Auray ;
ils savent qu'ils pourront, par des procédés que
nous indiquerons, arriver à récolter industriel-
lement de nombreux naissains.

Ils cherchent à se grouper le plus possible

dans le voisinage des bancs naturels que la marine surveille avec une sollicitude digne d'éloges (*). Lorsque la position est ainsi choisie, ils tâchent de se maintenir entre les laisses de basses mers d'équinoxe et de basses mers de mortes eaux. De cette façon, les collecteurs placés sur les rives ne découvrent qu'aux marées des vives eaux et restent en mortes eaux presque totalement couverts par la marée. Il y aurait un grand avantage à se rapprocher le plus possible des chenaux et des bancs naturels parce que là il y a moins de remous, plus de courant et plus de naissain.

M. Henri Leroux, que nous avons eu l'occasion de citer, résume ainsi avec autant de justesse que de concision les conditions que doit

---

(*) Nous sommes heureux de constater ici l'unanimité avec laquelle tous les parqueurs ont reconnu les services que leur ont rendus MM. les commissaires de marine d'Auray et de Vannes : MM. Coste et Raymond Duchélas, agissant d'après les instructions du ministère de la marine. Ces fonctionnaires avaient une mission délicate à remplir. Ils sont toujours restés avec une parfaite équité et une sérieuse connaissance de l'ostréiculture à la hauteur du progrès de cette intéressante industrie.

remplir une plage ou rive pour se prêter à la reproduction :

« Encore en 1867, il était admis que la repro-
« duction devait être plus abondante dans les
« points de la même rivière où l'eau est un peu
« tranquille; c'est le contraire qui a lieu. Nulle
« part les collecteurs ne se chargent d'un plus
« grand nombre de naissains que dans le cou-
« rant du flux et du reflux et surtout au niveau
« des basses mers. Les parcs placés dans des
« remous sont dans de mauvaises conditions.
« En 1867, on admettait encore que l'embryon
« de l'huître ayant quelques jours de vie errante
« devait se répandre également dans toute la
« rivière où se trouvait une huîtrière naturelle.
« Il faut reconnaître aujourd'hui qu'à 500 mètres
« d'un banc d'huîtres, il n'y aura pas de nais-
« sains vers l'embouchure, tandis qu'il y en aura
« beaucoup plus sur les collecteurs placés dans
« le fond de la rivière et recevant la marée mon-
« tante. La parturition de l'huître mère aurait
« donc lieu plutôt à marée basse qu'à pleine
« mer. Il faut donc que le parc de reproduction
« soit placé le plus près possible d'un banc
« d'huîtres et dans le courant des marées; toute-

« fois il n'offrirait aucune chance de succès s'il
« était exposé aux mouvements tumultueux de
« la mer. »

Nous trouvons dans cet ordre d'idées un
enemple de cette prévoyance de l'industrie privée
plus puissante dans ses effets que les plus sages
règlements.

On ne peut pas toujours se trouver près d'un
banc naturel, et les bancs naturels peuvent disparaître. C'est une crainte à laquelle les faits
ont donné, par malheur, un fondement réel.
Aussi les parqueurs ont-ils soin, quand ils ne
font pas d'élevage, de maintenir une forte réserve
d'huîtres mères autour de leurs parcs de reproduction. M. Alphonse Martin, qui a une si
judicieuse exploitation à Kergurioné, a ainsi
30,000 huîtres en réserve et M. le baron de
Wolbock en a 50,000 à Kériollet.

Enfin, quand l'éloignement des bancs peut
faire craindre une pénurie du naissain, on donne
à cette réserve une importance plus considérable. MM. Leroux et Leroy ont un approvisionnement de 800,000 huîtres qui sont comme la
souche d'où ils tirent leurs naissains.

Un système aussi intelligent ne peut manquer

de produire une réaction heureuse : les huîtrières naturelles bordées de parcs où d'autres huîtres sont en réserve augmenteront de richesse.

La quantité de naissain augmentera, et par suite de ce fécond échange, la richesse huîtrière sera assurée dans l'avenir.

CHAPITRE II.

Collecteur. — Après le choix de la plage vient celui du collecteur, c'est-à-dire de l'organe mis à la portée de l'huître pour fixer le naissain.

Le mot *parc* éveille dans l'esprit de bien des personnes un espace clos. Les parcs de reproduction ne le sont jamais, et il importe de bien fixer le sens des mots pour éviter toute confusion.

Nous appelons *parcs* toute rive et plage où l'on dépose des collecteurs et des huîtres ; *claires*, tout espace entouré de murs de faible hauteur couverts par la marée où se fait le dépôt des collecteurs ou bien l'élevage ; enfin *bassins*, tout espace entouré de murs soustrait au jeu des marées et dans lequel par des appareils hydrauliques, vannes ou clapets, on se réserve de faire varier à volonté la hauteur de l'eau.

C'est sur le collecteur que s'est porté en premier lieu l'attention de Coste ; c'est le collecteur qui, au début, a été l'objet de nombreuses études.

Presque tous les auteurs qui ont écrit sur l'ostréiculture se sont contentés de reproduire la note de Coste qui figure dans le supplément de son voyage d'exploration. Nous mentionnons, à titre de simple renseignement, ce qu'on a considéré jusqu'à ce jour comme les meilleurs collecteurs.

Il faut citer en premier lieu le bois et la tuile.

Le bois a été employé, soit à l'état de fascines immergées dans l'eau et maintenues par des corps morts, soit à l'état de plateau et belettes.

La tuile à reçu les dispositions les plus variées ; Coste conseillait :

1° Le toit collecteur simple ;

2° Le toit collecteur double ;

3° Le toit collecteur à files obliques et se recouvrant ;

4° Le toit collecteur à files opposées.

Comme appareil plus compliqué, il avait conseillé le rucher collecteur : grande caisse en bois ouverte par le fond qui renfermait des châssis mobiles. Là, disposées par couches, les huîtres mères et des valves de cardium devaient servir,

les unes à lancer le naissain, les autres à le recueillir.

Enfin, en dernier lieu, Coste avait conseillé
l'emploi des pierres, tout en reconnaissant la
difficulté du détroquage.

L'étude et l'expérience de la reproduction
n'ont pas fait découvrir d'autres matières col-
lectrices ; seulement on est arrivé à perfectionner
beaucoup le mode d'emploi des collecteurs.

La pierre qui s'enfonce si facilement dans nos
vases ne devait donner aucun résultat. M. Liazard,
un des parqueurs du Morbihan, qui n'a pas hésité
dès 1861 à se hasarder dans la voie alors bien
difficile de l'ostréiculture, a donné sur les mauvais résultats obtenus avec les pierres de nombreux détails. Il est inutile d'entrer ici dans de
longs développements à ce sujet, ce genre de
collecteurs ne paraissant pas destiné à beaucoup
se répandre. Toutefois, à Penerf, l'emploi de
pierres calcaires a donné quelques bons résultats.

Il n'en est pas de même du bois. Aujourd'hui
encore on s'en sert à l'état de belettes (petites
lamelles de 0^m.01 d'épaisseur formant des rec-
tangles de la grandeur d'une tuile), et à l'état

de plateaux en usage, surtout dans la rivière d'Auray.

Les fascines ont été essayées surtout par M. Chaumel, et comme elles peuvent trouver quelque application, il est utile de donner quelques indications sur leur confection. Nous allons citer textuellement M. Chaumel :

« Pour faire de bonnes fascines, il faut, autant
« que possible, se procurer des fagots d'un bois
« d'une essence dure et d'écorce aussi douce et
« lisse que faire se pourra. Le cerisier, par
« exemple, est parfait. C'est une grande erreur
« de supposer que le naissain s'attache davan-
« tage sur les surfaces raboteuses que sur les
« surfaces polies ; c'est précisément le contraire
« qui a lieu.

« Le bois étant préparé, on met les branches
« gros bout de ci, gros bout de là, pour contra-
« rier les assemblages et laisser ainsi du jour
« entre les bois. Ensuite on introduit a chaque
« extrémité sous l'amarrage, en divisant les bran-
« ches autour de lui, un gros coin qui a pour
« but d'empêcher la compression, lorsqu'on ar-
« rivera à serrer les amarrages.

« Ainsi établies, les fascines ont du jour et de

« l'air partout ; le naissain y trouve par suite
« une circulation facile et s'attache alors sur
« toutes les surfaces.

« Il ne reste plus désormais qu'à les fixer sur
« une chaînette, en les espaçant de deux en deux
« mètres, au moyen d'un bout de fil de fer comme
« celui qui a servi à lier les extrémités, mais en
« ayant soin, cette fois, de ne prendre qu'une ou
« deux branches toujours dans le but de ne pas
« les rapprocher.....

« Les fascines sont les plus excellents collec-
« teurs que je connaisse (collecteurs de fond
« seulement) ; leur détroquage se fait en quelque
« sorte avec le doigt, si surtout on veut attendre
« un an.

« Dans ces conditions on ne perd pas une seule
« huître ; elles sont bien un peu défectueuses de
« forme, mais si peu que leur vente n'en éprouve
« aucune difficulté.

« Chose assez singulière, les fascines qui
« découvrent ne donnent que de mauvais ré-
« sultats. »

Nous ne pensons pas que sur les côtes du
Morbihan, les facines soient appelées à jouer
un rôle comme collecteurs. La planche même

3.

deviendra d'un usage de plus en plus restreint.
En plateaux elle a été employée dans la rivière
d'Auray, et M. Liazard fait de ses plateaux la
description suivante :

« Mes plateaux sont composés de 4, 5 ou
« 6 voliges selon leur largeur. Elles sont
« réunies par 3 barres de $0^m.07$ à $0^m.08$ de
« hauteur. Cette année ceux que je ferai faire
« n'auront que 4 voliges parce que je veux
« laisser entre chacune d'elles un espace de
« $0^m.03$ à $0^m.04$. La vase en se déposant s'écoule
« de chaque côté et ne s'amoncelle pas sur les
« plateaux. »

C'est la tuile qui est l'organe collecteur par
excellence, c'est elle qui est généralement employée. Voici comment M. le docteur Henri
Leroux résume les efforts tentés pour arriver à
employer la tuile avec une disposition rationnelle :

« La tuile, dit-il, a le droit d'ancienneté ; ce
« n'est pas son seul mérite. Elle est d'un
« prix modéré, d'un emploi facile, et son poids
« aide à la maintenir dans l'eau.

« Mais la mer est exposée à tant de mouve-
« ments inattendus, son lit dans les rivières à

« huîtres est si chargé de vases mouvantes que
« le parqueur a dû lutter pendant plusieurs
« années contre de graves difficultés.

« Les tuiles placées d'abord en ruches pré-
« sentaient un ensemble agréable à l'œil, et de
« lourdes pierres placées sur chaque groupe
« faisaient espérer que l'édifice aurait la durée
« prévue. Mais à la marée suivante la mer en
« avait renversé une partie, et le travail était à
« recommencer.

« Sur les terrains solides on place debout
« deux tuiles sur le sommet desquelles une
« troisième est couchée en travers pour servir
« d'écartement à celles qui seront placées à la
« suite : on peut en faire des rangées assez con-
« sidérables qu'on assujettit avec des pierres
« plates, devant, dessus et derrière. Par ce pro-
« cédé, la tuile est assez bien maintenue en
« place, elle se charge assez bien de naissain ;
« mais les terrains solides sont rares ou bien il
« faut les chercher tout à fait au rivage où, pen-
« dant les marées d'été, le soleil détruit une
« partie de la récolte qui finit par disparaître
« sous l'influence des vents froids et secs de
« septembre et d'octobre. Si, d'un autre côté,

« les tuiles sont placées sur un terrain plat,
« l'obstacle qu'elles font à la mer amène bientôt
« un amas de vase ou de sable qui les recouvre
« en tout ou en partie.

« En 1868, pour soustraire les tuiles au con-
« tact du sol, nous avions fait construire un
« grand nombre de caisses pouvant contenir
« chacune environ 400 tuiles. Le but proposé
« était bien atteint, mais les jeunes huîtres ne
« se développaient que sur les tuiles qui rece-
» vaient l'air et la lumière. Cet amas de tuiles
« servait de repaire aux étoiles, aux bigorneaux
« perceurs, aux cancres, etc., qui tous y fai-
« saient ample pâture. Enfin les caisses et leur
« entretien entraînaient une dépense hors de
« proportion avec les produits de la récolte.

« Le meilleur procédé pour maintenir la
« tuile est sans contredit le piquet. Les tuiles,
« percées d'un trou à chaque extrémité, sont
« réunies en petites ruches de douze ou qua-
« torze au moyen de fils de fer qui sont solide-
« ment attachés à la tête du piquet qui, long de
« 1 mètre à 1^m.50, est fixé dans le sol de ma-
« nière que la dernière tuile en soit distante de
« 0^m.15 environ. Chaque groupe prend le nom
« de bouquet ou champignon. »

Bouquet des tuiles. — C'est à la tuile, et à la
tuile disposée en bouquet ainsi que le représente un de nos dessins, qu'on s'est
arrêté dans les principaux parcs de
reproduction de la rivière de la
Trinité. C'est dans les rivières du
Morbihan un système très-rationnel. Il a l'immense avantage de pouvoir être en entier préparé à terre,
et disposé de manière à être placé
dans un temps très-court.

Bouquet.

Ce point est capital, comme on
peut le comprendre d'après ce que
nous avons dit, et les développements que nous avons donnés au
sujet de l'envasement en font comprendre la
portée.

Toutes les fois que dans une rivière sujette
à être envasée on modifie la nature du fond, ne
fût-ce que par un madrier, on provoque un
dépôt de limon et un surélèvement du fond. On
aura une idée de la rapidité avec laquelle l'atterrissement se produit quand on saura que dans
le port militaire de Lorient, à la suite des curages
qui ont modifié le fond, le surélèvement a atteint

0ᵐ.50 et 0ᵐ.70 de hauteur par an, et qu'en

moyenne il est de 0ᵐ.30 ; que dans le port de

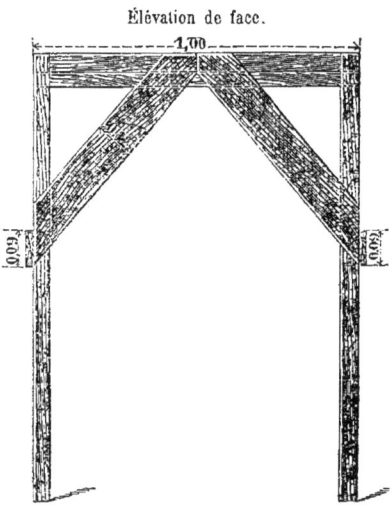

Tréteaux pour tenir les bouquets sur fonds durs.

Élévation de face.

Élévation latérale.

commerce les faits sont identiques et que quelques coups de mauvais temps par vent de sud-ouest suffisent pour produire l'envasement dont nous parlons. Les parqueurs ne doivent pas oublier que les eaux ne sont limoneuses que lorsqu'il y a houle et clapotis ; que c'est la lame qui, s'agitant sur les plages vaseuses, se charge de vase, et que cette dernière se dépose dans les points où la forme d'équilibre du lit a été modifiée d'une manière quelconque.

Le bouquet de tuiles fixé à un pieu enfoncé en juillet dans les rives vaseuses des rivières se trouve donc placé dans la belle saison, et ne provoque jusqu'en septembre qu'un envasement de peu d'importance. Quel que soit d'ailleurs l'atterrissement produit au moment où l'on arrache le pieu pour le détroquage, le courant reprend son action, balaye les vases accumulées et reconstitue au lit sa forme primitive d'équilibre.

Nous le répétons, après avoir bien examiné l'action du courant sur ces champignons, nous devons déclarer que la découverte et la mise en pratique de ce système constituent un des plus sérieux progrès de l'ostréiculture dans le Morbihan.

L'honneur en revient à M. Eugène Leroux,
un des plus infatigables et des plus persévérants
parqueurs du Morbihan. Il est fort intéressant
de voir par quelle succession d'essais M. Eugène
Leroux est arrivé à l'important résultat que
nous signalons :

« C'est le 31 mai, dit-il, que je commençai
« à placer mes tuiles sur mes parcs. Je m'étais
« procuré du bois dit ganivelle, j'en fis des
« chevalets, et sur des fils de fer fixés à la tête
« du chevalet je posai deux tuiles, puis deux
« autres en travers, et je continuai ainsi jusqu'à
« douze. Cette opération terminée, je compris
« que mes tuiles ne pourraient tenir ainsi super-
« posées, que le courant de la mer viendrait à
« chaque instant les déranger ; alors j'imaginai
« de les retenir en croisant un fil de fer sur
« mon petit échafaudage, ce qui rendit le tout
« plus solide.

« Ce ne fut que vers la fin de juin que fut
« terminée la pose de mes cinq mille tuiles
« sur les parcs. Cette opération fut longue, car
« nous ne pouvions travailler qu'à la marée
« basse, et j'ajouterai que cette opération fut
« pénible et coûteuse.

« J'avais lu dans l'ouvrage de M. Coste qu'à
« toutes les grandes marées il fallait ôter de
« dessus les tuiles le limon qui s'y formait
« d'une marée à l'autre ; je me mis scrupu-
« leusement à laver une à une mes tuiles. Il
« fallait être dans l'eau jusqu'aux genoux, et
« quand la marée nous quittait prendre des
« seaux pleins d'eau pour continuer ce travail ;
« enfin, remettre les tuiles en place avec la
« même peine.

« Cette opération pénible dura jusqu'en sep-
« tembre. C'était à mon point de vue un travail
« de Romain, et je voyais l'impossibilité de le
« faire sur une grande échelle...

« Après avoir reconnu que mes tuiles avaient
« du naissain, je fis suspendre tout lavage ; je
« me contentai de mettre en place les collec-
« teurs déplacés, et je passai l'hiver ainsi.

« Je résolus de développer mon industrie sur
« une plus vaste échelle. Je fis à Nantes une
« commande de trente mille tuiles que je reçus
« au mois de mai 1867, et je me préoccupai
« de la façon de les poser sur mes parcs ; c'était
« une nouvelle étude à faire. Je pris des plan-
« ches que je posai à plat sur la vase, j'y plaçai

« quatre tuiles de front sur dix de longueur, ce
« qui me faisait quarante sur ce premier plan,
« puis je continuai ainsi jusqu'à six couches su-
« perposées. Sur le dernier rang je posai encore
« des planches, puis des pierres assez lourdes
« pour retenir le tout en place et empêcher,
« par le mouvement des eaux, la chute des
« tuiles dans la vase.

« Le succès de 1867 a été assez beau, mais
« n'égala pas celui de ma première année.

« Je vis bien que les tuiles posées sur le sol
« ne devaient pas avoir la même propriété que
« celles placées au-dessus. Il y avait donc une
« nouvelle étude à faire.

« Au mois de novembre 1867, je me mis à
« percer des tuiles aux deux extrémités, je
« pris ensuite deux fils de fer de 1ᵐ.20.
« Mais avant de percer mes tuiles j'avais
« commencé par prendre la largeur, puis
« la moitié de cette largeur ; je l'ai portée sur le
« sens de la longueur. Je voulais que tous les
« trous se correspondissent bien et qu'après
« l'enfilage, les tuiles fussent placées deux à
« deux dans un sens opposé. J'enfilai d'abord
« deux tuiles, chacun de mes fils de fer passant

« dessous aux deux extrémités de chacune
« d'elles, puis deux autres dans un sens opposé
« des premières et ainsi de suite jusqu'à douze.

« Ceci terminé, je pris un piquet long
« de 1^m.30, je le glissai au milieu de mon
« bouquet de tuiles, puis je contournai mes
« quatre bouts de fil de fer autour du bout su-
« périeur du piquet qui dépassait ces tuiles de
« 0^m.15 ; de cette façon elles se trouvaient
« toutes solidement liées au piquet.

« Je constatai que ma nouvelle invention
« avait un plein succès et résistait à la mer. Ces
« collecteurs avaient de plus l'avantage de pou-
« voir être placés à la mer sans obliger à patau-
« ger dans la vase.

« D'un bateau où nous les mettions pour les
« transporter, nous les piquions sur les
« parcs.

« Ce système a été tellement apprécié que
« tous les parqueurs ont adopté mon invention
« et qu'il est presque le seul employé aujour-
« d'hui. »

Un pareil système, aussi pratique que rationnel, aussi judicieux qu'économique, a donné
d'excellents résultats.

Il présente dans ses dispositions peu de varia-
tions en passant d'un parc à l'autre. M. de
Wolbock l'a complété en interposant entre les
tuiles du bouquet des planchettes de bois;
mais cette addition, qui est heureuse, ne change
rien au fond même et au principe sur lequel on
s'est appuyé.

Chaulage. — Si l'on avait toujours employé
les collecteurs à l'état nu, on aurait eu les plus
grandes difficultés pour procéder à l'enlèvement
du naissain : opération délicate qui constitue le
détroquage. Coste lui-même, en éliminant les
pierres, n'avait obéi qu'à cette pensée que l'huître adhérant vivement à la surface collectrice
est blessée pendant l'opération. Au début de la
reproduction, pendant les premières années, à
Arcachon comme à l'île de Ré et sur les côtes
du Morbihan, on a fait de nombreux essais, et
l'on est arrivé, après bien des détours, au seul
système rationnel, en appliquant d'une manière
inconsciente peut-être un principe qui, s'il
avait été proclamé dès le début, aurait évité
bien des insuccès. La science à laquelle font
appel MM. Gressy et Henri Leroux joue un

grand rôle dans l'ostréiculture, et il faut dans les essais remonter jusqu'à elle pour arriver à un résultat industriel.

En donnant quelques développements sur le chaulage des collecteurs, méthode universellement employée aujourd'hui, nous avons l'intention de bien établir, en matière d'ostréiculture, un principe appelé à prendre sa place à côté de ceux qui président à l'action des courants et à l'envasement.

Vers 1858 un maçon de l'île de Ré, Hyacinthe Bœuf, avait préparé avec soin un parc qu'il avait entouré de murs. Après avoir consolidé le fond avec des produits divers, tels que de la paille, il fut tout étonné de voir que la jeune huître, au lieu d'adhérer au fond, s'était portée sur les pierres calcaires formant clôture, alors que le fond était vierge de tout naissain ; il se mit à défaire pierre à pierre sa banche et trouva ainsi une récolte plus ou moins abondante, mais certaine.

On ne se demanda pas à cette époque pourquoi le naissain avait eu une semblable préférence : on constata le fait et l'on passa outre.

Bien des observateurs avaient remarqué que

sur des murs en maçonnerie de chaux hydraulique construits à la mer on finissait par trouver, même dans les bassins et dans des endroits
bien écartés de bancs d'huîtres, des coquilles
assez nombreuses recherchant avec persistance
les joints de la maçonnerie. On considéra la
chose comme un accident, une exception, une
singularité... Et pendant ce temps on faisait
une foule d'essais pour faciliter le détroquage
en imbibant les collecteurs d'un enduit assez
mou pour permettre le facile enlèvement de
l'huître, assez dur pour offrir une base d'adhérence au naissain.

Le docteur Kemmerer de l'île de Ré, ce vé-
téran de l'ostréiculture qui, selon l'heureuse
expression de M. le docteur Henri Leroux, est
un savant qui étudie les pieds et les mains dans
l'eau, a le premier apporté un remède à la trop
vive adhérence du naissain à la tuile. Il a commencé par enduire ses tuiles d'un mastic spécial ainsi composé :

Chaux hydraulique. . . . . 1 partie.
Eau. . . . . 4 parties.
Sang défibriné. . . . . 1 partie.

L'emploi de ce composé a donné pour le détroquage d'excellents résultats comparativement à ceux obtenus en suivant les anciens errements.

Le sang défibriné n'est pas un produit courant, et pour des établissements échelonnés le long d'une côte, loin de grands centres, c'est un produit fort difficile à obtenir.

On chercha à s'en passer, et le docteur Kemmerer lui-même en arriva à faire un enduit à base de chaux.

Il s'exprime ainsi à ce sujet dans le mémoire envoyé au concours de Vannes :

« Tous les corps de la nature fixent l'huître,
« mais la nature ne peut pas égaler l'industrie.
« La nature a créé des bancs, et aussitôt que les
« demandes d'huîtres sont devenues plus pres-
« santes par la facilité de nos communications
« modernes, les bancs ont disparu.

« L'ostréiculture de Coste n'a donc pas l'ou-
« tillage nécessaire à ses besoins parce qu'elle
« ne peut pas former la graine d'huître.

« J'ai nommé la graine d'huître ce naissain
« qui, à l'âge de sept à neuf mois, doit être dé-
« troqué pour être semé sur des fonds où il
« grandira, où il prendra la forme belle, com-

« merciale. La base de l'industrie était trouvée,
« mais l'outillage pour fabriquer la graine
« d'huître manquait à cette base.

« C'est alors que j'ai inventé le collecteur-
« ciment et que j'en ai formulé les conditions :

« Interposer entre le collecteur et l'huître
« une substance calcaire assez dure pour résister
« au flot, assez molle pour permettre le détro-
« quage en tout temps.

« J'avais démontré déjà que la virginité était
« la première condition d'un bon collecteur, et
« j'ai ajouté que le collecteur-ciment seul avait
« le pouvoir de renouveler cette virginité à la
« volonté de l'ostréiculteur.

« De ce jour l'ostréiculture a été consti-
« tuée. »

Le succès des tuiles chaulées, c'est-à-dire enduites de chaux ou de ciment, a été complet et
bien caractéristique. Des ostréiculteurs désireux de se rendre compte de la différence ont
immergé dans des conditions égales de propreté
des tuiles enduites et d'autres qui ne l'étaient
pas. Les premières avaient trois fois plus de
naissain que les secondes.

L'épreuve était décisive.

M. de la Blanchère cherchant dans l'espèce
le principe, disait en 1866 :

« Or, un principe domine l'emploi de toute
« espèce d'appareil collecteur, c'est non-seule-
« ment l'instant où l'on immerge les appareils
« par rapport au moment du frai, mais encore
« l'état spécial de propreté de l'appareil. »

Le facile détroquage avec la virginité pour
le docteur Kemmerer, la propreté pour M. de
la Blanchère : tel était le principe.

Nous avons le regret de le dire sans trop vou-
loir tomber dans le domaine de la critique, le
principe n'était pas là.

On cherchait un facile détroquage et l'on trouvait presque sans s'en douter l'élément attrac-
teur, indispensable à une bonne récolte, l'appât
de l'huître, c'est-à-dire le calcaire facilement
assimilable.

Voilà le principe : qu'on nous permette de le
développer.

Lorsque le naissain quittant le manteau de
l'huître mère est projeté loin d'elle dans le sein
des eaux, que doit-il chercher par instinct? Un
endroit où il pourra facilement s'attacher et
où il pourra rapidement se défendre contre ses

4

ennemis. Or, pour s'attacher tous les corps
sont bons, mais pour se défendre il doit pouvoir développer sa coquille, cette cuirasse protectrice. Or la chaux prédomine dans la coquille,
donc le collecteur de prédilection est à base de
chaux.

Le naissain va par instinct sur les surfaces
calcaires. La nature certainement est bien pré-
voyante, et si la base calcaire manque au collecteur, c'est du sein des eaux que la chaux sera
tirée par ce laboratoire infiniment perfectionné
dans des dimensions infiniment petites que constitue le naissain; mais il y a au moins une
question de préférence instinctive qu'il ne faut
pas oublier. Voilà pourquoi Hyacinthe Bœuf a
trouvé du naissain sur ses pierres et non dans
ses parcs, voilà pourquoi sur nos murs en maçonnerie, sur nos quais et nos ouvrages de
port nous trouvons des huîtres aux joints
mêmes, là où une chaux liquide vient suer et
se répandre au dehors, au point précisément
où le calcaire est presque dissous et dans le
meilleur état d'assimilation.

Il n'en résulte pas moins que c'est au docteur Kemmerer que revient l'honneur d'avoir

introduit dans l'ostréiculture la pratique du chaulage. On dira peut-être de lui qu'il portait un flambeau qui ne l'éclairait point : nous dirons qu'il cherchait les Indes et qu'il a découvert l'Amérique. Il a donc droit à la reconnaissance de tous les ostréiculteurs.

Ce qu'il y a de plus remarquable dans le chaulage, c'est que la matière employée, chaux grasse ou chaux hydraulique, est décomposée par l'eau de mer.

Tandis que les eaux douces font durcir vivement les chaux hydrauliques, l'eau de mer, tout en permettant un premier durcissement, amène avec le temps une décomposition complète.

Cette altération est précisément favorable au détroquage et à l'assimilation de la chaux par le naissain.

En combinant ces deux matières, chaux hydraulique et chaux grasse, les ostréiculteurs du Morbihan arrivent, dans tous les cas, aux résultats qu'ils cherchent sur ce point particulier de la question.

Si certains parqueurs de notre pays ont semblé ignorer encore l'existence du principe cal-

caire nécessaire à la fixation du naissain, il y en
a d'autres qui, sans fortement insister, affir-
ment cependant cette vérité. Citons-en quelques-uns :

« La chaux grasse, dit M. Alphonse Martin,
« conservant toujours un peu d'humidité, l'huî-
« tre trouve ainsi à sa portée toutes les matières
« dont elle a besoin. »

« L'enduit de chaux, ajoute M. Gressy, offre
« non-seulement l'avantage de permettre un fa-
« cile décollage, mais il constitue une sub-
« stance éminemment favorable à la récolte du
« naissain. Le fait est si bien connu que per-
« sonne aujourd'hui ne voudrait poser un col-
« lecteur en mer sans l'enduire au préalable
« de chaux. »

Enfin, M. le docteur Henri Leroux écrit aussi :

« Nous ne reviendrons pas aujourd'hui sur
« la nécessité d'enduire les tuiles pour assurer
« une récolte plus abondante ; c'est une expé-
« rience acquise. La tuile enduite de calcaire
« donnera trois fois plus d'huîtres que la tuile
« naturelle. »

Ce principe une fois bien admis, l'enduit ou
chaulage se fait de deux manières bien dis-

tinctes dans le Morbihan, suivant qu'on cherche à produire l'huître à tesson ou l'huître libre.

Lorsque nous parlerons du détroquage, nous donnerons quelques indications sur l'huître à tesson ; nous dirons seulement, pour le moment, que dans ce système on cherche à découper la tuile en laissant à chaque huître une partie de la tuile formant talon.

Ceux de nos parqueurs, comme MM. Gressy et Henri Leroux, qui produisent l'huître à tesson enduisent leurs tuiles d'une légère couche de chaux hydraulique ; le naissain se fixe sur la chaux, mais cette dernière étant en couche mince est rapidement traversée, et l'adhérence très-vigoureuse se produit sur la tuile.

Ceux, au contraire, qui, avec une lame de couteau, cherchent, six mois après la récolte, à enlever l'huître de sa tuile, font généralement l'enduit à deux couches et procèdent de diverses façons. Nous ne pouvons mieux faire que de citer textuellement les procédés.

« J'achetai, dit M. Eugène Leroux, de la chaux « vive : elle était éteinte juste au moment de « m'en servir et passait de l'état bouillant dans « une grande cuve, où deux tiers de sable

4.

« étaient préparés. Mes hommes remuaient le
« tout ensemble jusqu'à ce que le mélange ar-
« rivât à l'état de bouillie claire.

« Les collecteurs étaient préparés, je les fai-
« faisais saisir par le bout inférieur et on les
« trempait dans la cuve. Une seule immersion
« suffisait, ensuite des femmes venaient les
« prendre avec une civière et les exposaient à
« l'air pour sécher avant la pose.

« Cet enduit excellent ne doit être préparé
« qu'avec de l'eau douce : l'eau de mer a l'in-
« convénient d'empêcher qu'il reste longtemps
« adhérent à la tuile, et, se détachant, fait per-
« dre le fruit de ce travail...

« Il fallait nécessairement, dit M. Liazard,
« un corps qui, placé entre l'enduit et la tuile,
« pût se décomposer par un séjour prolongé
« dans l'eau et rendre l'enduit à peu près
« libre.

« J'essayai différentes colles, qui toutes don-
« naient un bon résultat; mais il fallait prendre
« la plus économique. Je m'arrêtai à un mé-
« lange de froment avec une petite quantité de
« fécule de pommes de terre. On fait bouillir
« dans assez d'eau pour obtenir une colle ex-

« cessivement légère : on y plonge les tuiles, et,
« une fois séchées, on les passe à un bain de
« chaux hydraulique ou de ciment. Ce procédé
« m'a toujours réussi. Il est prompt et peu coû-
« teux.

« Toutes les fois que je l'ai abandonné, je
m'en suis repenti.

« Je plonge d'abord, dit M. Alphonse Martin,
« chaque tuile dans un lait de chaux grasse,
« puis quand cet enduit est bien sec, la tuile
« est plongée à nouveau dans un bain de chaux
« hydraulique. »

M. de Wolbock emploie également deux couches de chaux hydraulique.

Il nous semble très-rationnel de procéder,
quand on ne fait pas l'huître à tesson, par deux
couches : la première de chaux grasse qui n'a
pas une grande adhérence; la seconde de chaux
hydraulique. La première facilite le détroquage,
la seconde l'adhérence du naissain.

Poursuivant cette idée, M. le docteur Kemmerer fait, dans son mémoire, la proposition
suivante :

« L'ostréiculture ne doit pas perdre une seule
« huître; j'attends ce résultat par le collecteur-

« ciment mobile. Vous saturez votre tuile d'eau,
« vous couvrez la partie concave de cette tuile
« d'un papier mouillé, de manière que les
« bords de la tuile restent à nu. Vous étendez
« alors votre couche de ciment qui, couvrant
« les bords et le papier, permet, en râclant les
« bords d'un seul coup, d'enlever toute la ré-
« colte sans blessure.

« Le papier, n'étant pas altéré, peut servir
« une seconde fois; il peut être remplacé par
« de larges feuilles végétales.

« Le collecteur mobile appliqué à l'industrie
« d'Arcachon aurait les avantages suivants : il
« éviterait la perte de 20 pour 100, la main-
« d'œuvre disparaîtrait. Le ciment porte-graine
« peut être porté directement dans les claires
« sans passer par des caisses à graine. L'huître
« y grandit et le ciment se brise en éclats et
« sans efforts sous l'action de la main seule. »

Il est inutile d'insister plus longuement sur
le chaulage. Nous avons mis en évidence le
principe en l'appuyant de quelques applications.

Il est facile, dans le Morbihan, de résoudre
dans chaque cas particulier les difficultés qui

pourront se produire. La question est étudiée
et la voie à suivre nettement tracée.

*Pose des collecteurs. Disposition des parcs de
reproduction.* — Nous avons passé en revue les
systèmes de collecteurs et le chaulage ; nous
allons maintenant, en suivant l'ordre logique,
donner quelques détails sur la pose des collecteurs et la disposition des parcs de reproduction
en général.

Un principe domine encore ici la question
et s'impose à tout parqueur : c'est celui du
transport des vases dans les rivières à marée.
Les parqueurs du Morbihan étudient les courants et le dépôt des vases ; ils disposent leurs
collecteurs sur les rives de manière à prévenir
tout envasement dans la période pendant laquelle les organes sont en place. Le principe
étant connu, la question d'application est résolue dans chaque cas par l'observation, sans
qu'il soit possible de donner de règle générale.

Nous ferons observer, cependant, que la plupart des parqueurs établissent leurs collecteurs
par files perpendiculaires au rivage. Ce système,
qui crée presqu'un barrage transversal au cou-

rant, devrait, dans une certaine mesure, être
modifié de manière à moins contrarier le courant général. Il serait peut-être préférable de
disposer les collecteurs par files parallèles au
chenal : c'est un essai à faire. Nous le répétons, c'est avec une sérieuse attention que les
parqueurs du Morbihan se rendent compte de
l'action des forces naturelles qui provoquent le
courant et l'envasement. Nous n'en voulons
pour preuve que les judicieuses observations de
M. le docteur Gressy :

« Les bouquets collecteurs, soit en tuiles, soit
« en planchettes, placés les uns près les autres,
« déterminent l'envasement des parcs par suite
« de l'obstacle qu'ils opposent au courant.

« Pour faire disparaître cet inconvénient, j'ai
« eu le premier la pensée de grouper les bou-
« quets collecteurs par sillons de trois rangées
« juxtaposées. Je laissai entre chaque sillon un
« espace de 1^m.50 à 2 mètres... de manière à per-
« mettre aux courants de circuler librement et
« de balayer, par la force de marée montante et
« descendante, les dépôts de vase qui s'accu-
« mulent par le temps calme entre les collec-
« teurs.

« Ce système est universellement employé
« dans notre rivière.

« Le nombre de collecteurs à placer dans un
« espace donné est variable ; on ne peut poser de
« règle absolue à cet égard. L'intensité des cou-
« rants, le degré d'impureté de l'eau de rivière,
« doivent indiquer à chaque parqueur la quan-
« tité de collecteurs qu'il peut et doit placer dans
« sa concession.

« Dès que l'envasement s'établit aux pieds
« des collecteurs, le parqueur acquiert expéri-
« mentalement la preuve qu'ils ne sont pas suffi-
« samment espacés, par conséquent qu'il doit
« en diminuer le nombre.

« Le premier j'ai soutenu, et aujourd'hui en-
« core, contre l'opinion générale, je maintiens
« que l'on encombre les concessions de collec-
« teurs. Ainsi mes concessions contiennent,
« proportionnellement à l'étendue, beaucoup
« moins de collecteurs que toutes celles qui
« m'avoisinent.

« Je tiens essentiellement à prévenir l'envase-
« ment ; je ne puis oublier qu'à l'île de Ré,
« l'ostréiculture a été abandonnée par suite de
« l'envasement des concessions, après avoir

« admirablement réussi pendant quelques an-
« nées.

« L'espacement à laisser entre chaque sillon
« de trois bouquets collecteurs varie encore avec
« la durée du séjour des collecteurs en mer.

« Il est évident que le parqueur qui laisse les
« collecteurs dix-huit mois en place doit les
« espacer davantage pour prévenir l'envasement
« que celui qui les enlève au mois de novembre,
« l'année même de la pose, c'est-à-dire après un
« séjour de quatre mois seulement sur la con-
« cession.

« Par cette dernière pratique, le dépôt de vase
« n'a pas le temps de s'élever et le courant, une
« fois les collecteurs disparus, opère le balayage
« pendant la saison d'hiver. »

Ce que M. le docteur Gressy dit, tous ses con-
frères en ostréiculture le font, et les dispositions
sont variées.

Ainsi, dans les parcs de M. le baron de Wolbock,
on trouve des groupes de vingt à vingt-quatre
bouquets séparés les uns des autres de 2 mètres;
il y a ainsi des allées parallèles et perpendiculaires au chenal. MM. Gressy et Eugène Leroux
ont une série de plates-bandes perpendiculaires

ÉTABLISSEMENT OSTRÉICOLE DE LA RIVIÈRE DE CRACH

(Mʳ le BARON de WOLBOCK)

SUR MER

Maison ▆ de Garde

E   D   C

vanne vanne   vanne

Canal d'eau douce

Canal d'eau douce

vanne   vanne

F   B

92,00

A

Enceinte de pieux

Chaussée

et planches

COMMUNE DE

LA TRINITÉ

RIVIÈRE DE CRACH

LÉGENDE

A Grand bassin.

B.C.D.E.F. Bassins secondaires

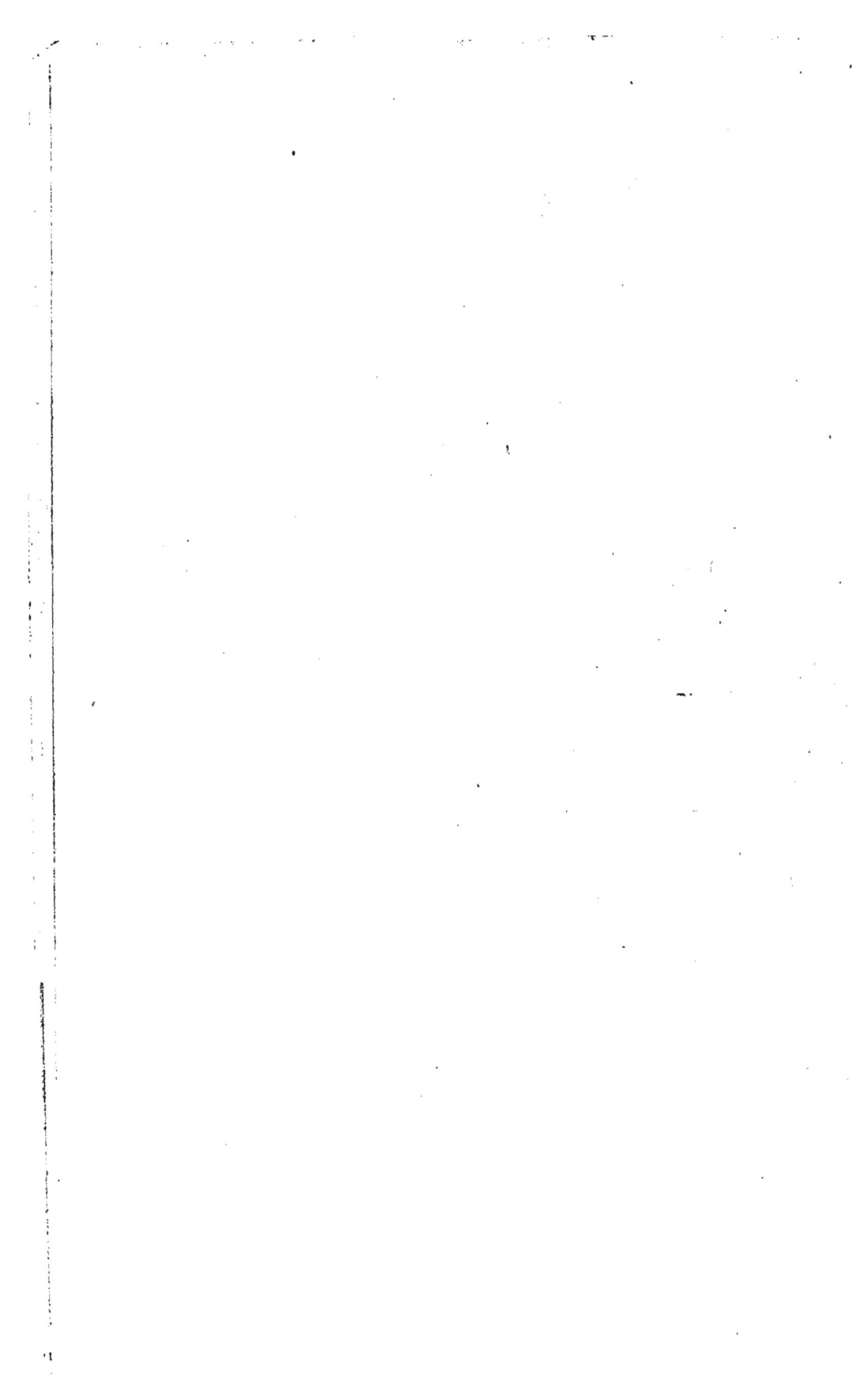

au chenal, formées de rangs de bouquets à raison
de trois bouquets par rang, chaque plate-bande
est séparée de sa voisine par un chemin ou allée
de 2 mètres environ.

Nous avons déjà eu l'occasion de dire que le
principal avantage, au point de vue de la pose
du bouquet, tient à ce qu'on peut tout préparer
à terre et venir presqu'à jour fixe garnir un
parc en enfonçant les piquets dans la vase. On
en jugera par la déclaration suivante de M. Eugène Leroux :

« En 1871, j'ai commandé un grand chaland
« très-plat et d'un très-faible tirant d'eau ; le
« bateau avait 10 mètres de tête à tête et 3 mètres
« de large.

« Je pouvais le charger d'un grand nombre
« de collecteurs, et j'y voyais encore d'autres
« avantages. Lorsque cette embarcation arrivait
« chargée sur les parcs, la marée n'était plus qu'à
« 1 mètre du fond. De l'embarcation, mes
« hommes piquaient mes collecteurs dans la
« vase : il n'était plus besoin qu'ils s'y missent
« eux-mêmes pour cette opération. La santé de
« mes gens n'était plus compromise. D'un autre
« côté, cette manière de faire était beaucoup

5

« plus expéditive, puisque je pouvais placer
« 12,000 tuiles dans une journée. »

Ainsi le piquet a cet avantage immense qu'il
dispense de tout matériel compliqué et que la
pose en est aussi facile que rapide.

Ceux des parqueurs qui n'emploient pas le piquet rencontrent plus de difficultés pour la pose :

« Lorsque je place mes collecteurs, dit M. Lia-
« zard, je commence par disposer trois petits
« chevalets en bois brut sur une espèce de bâti
« en bois, composé de trois chevrons de 0^m.035
« d'épaisseur sur 0^m.05 de largeur, ce qui
« donne pour largeur du bâti, tringles com-
« prises, 0^m.65. Les chevalets élèvent ce bâti à
« 0^m.15 ou 0^m.25 du sol, ce qui permet à l'eau
« de circuler au-dessous des ruches et d'empê-
« cher la vase de s'accumuler et de monter jus-
« qu'au niveau des collecteurs. Dans certaines
« parties vaseuses, je suis obligé de placer des
« chevalets de 0^m.30 à 0^m.40 de hauteur.

« On place d'abord un premier rang de tuiles
« qui viennent se joindre sur la traverse du mi-
« lieu. Le bâti en reçoit vingt-huit, puis on met
« un autre rang en travers du premier et de la
« même quantité.

« On continue à monter de la même manière
« jusqu'à huit rangs. Ma ruche contient donc
« deux cent vingt-quatre tuiles. Par-dessus je
« mets un plateau qui relie le tout ensemble, et
« sur le plateau on dépose assez de pierres pour
« que le mouvement de l'eau ne puisse rien
« déranger.

« Quant aux panneaux, ils se placent au
« nombre de huit, ordinairement de la même
« manière que les tuiles, sur un bâti appuyé
« sur trois tréteaux, puis on les couvre de nattes
« et pierres par-dessus.

« Une des plus grandes difficultés lorsqu'on a
« beaucoup de collecteurs à poser, c'est de pou-
« voir le faire convenablement en deux marées
« de syzygie : celles de juin et juillet. Il faut alors
« prendre beaucoup d'ouviers, quand on en
« trouve, et marcher en toute hâte ; on fait mal
« et souvent on ne peut arriver à faire. »

C'est dans la rivière d'Auray surtout, ainsi
que nous l'avons dit, que s'emploient des ruches
soit de tuiles, soit de plateaux. Le système suivi
est analogue à celui que décrit M. Liazard ; toutefois le bouquet y a été appliqué judicieusement
par M. de Thevenard.

Les parcs exploités en ruches sont bien plus sujets à envasement que ceux exploités avec bouquets de tuiles; les débris de chevalets ou plateaux qui peuvent séjourner sur le fond amènent parfois un sérieux soulèvement.

Par une conséquence bien naturelle, les fonds solides sont bien plus appropriés aux ruches que les fonds mobiles. C'est la distinction qu'il faut faire lorsqu'on veut juger la raison qui fait parfois préférer la ruche au bouquet.

Consolidation des vases. — Quelque soin que l'on prenne pour s'aventurer le moins possible sur les plages vaseuses, l'exploitation conduit cependant à les fouler, et nous l'avons dit, en certains points un homme y enfonce jusqu'au cou. Il fallait trouver un moyen de visiter les parcs sans enfoncer dans la vase. Le problème était difficile. Tous les parqueurs déclarent que si la solution simple et économique qui a été trouvée s'était fait attendre, les tentatives d'ostréiculture dans le Morbihan eussent abouti à un décevant insuccès.

Placer dans les allées des parcs des petits appontements en bois, eût été dispendieux d'a-

bord et inutile ensuite. L'obstacle fixe eût créé
un remous et le remous l'envasement. Le désir
de visiter les huîtres aurait eu pour conséquence
de les tuer sous la vase. C'est alors qu'on eut
l'idée ingénieuse de sabler les parcs avec de
gros gravier tel que la côte le présente. Ce gravier jouit de la propriété bien connue du sable,
de répartir la pression sur un large espace. Les
vases un peu comprimées sont élastiques et les
oscillations s'y propagent en ondes remarquables. Ces deux propriétés : répartition de la
pression et élasticité, ont été judicieusement
utilisées.

C'est le docteur Gressy qui le premier a employé ce mode de consolidation :

« Les premiers essais de macadamisage, dit-
« il, ont été faits dans mes parcs. Ce macada-
« misage s'obtient en étendant sur les vases à
« durcir une couche de sable variable d'épais-
« seur en raison directe de la mollesse des
« vases.

« Le sable s'incorpore à la vase et la trans-
« forme en un terrain solide.

« J'ai pu convertir en terrain huîtrier de
« premier ordre des vases molles, inexploita-

« bles, sur lesquelles les ouvriers refusaient le
« travail.

« Le macadamisage des vases par le sable est,
« à mon avis, une découverte d'un très-grand
« avenir. J'appelle d'une manière toute spéciale
« l'attention de la commission sur cette ques-
« tion. Les éleveurs d'huîtres n'en ont pas com-
« pris toute l'importance. »

M. le baron de Wolbock, qui a eu la même
difficulté à résoudre, s'exprime ainsi :

« Avant d'utiliser les bassins, il fallut tantôt
« creuser le roc et tantôt durcir la vase mou-
« vante, notamment pour le grand bassin de
« Keriolet. Cela passait pour une chose impos-
« sible, et cependant ce résultat important fut
« complétement atteint par l'emploi du gravier
« de mer répandu sur la surface que l'on veut
« durcir. Employé par couches de 12 à 15 cen-
« timètres d'épaisseur, ce sable ou gravier se
« mêle à la couche supérieure de vase qu'il
« durcit en formant une sorte de béton, et cela
« sans exhausser le niveau du sol primitif. On
« peut alors circuler et déposer sans crainte
« les plus pesants fardeaux sur des terrains
« où, avant cette opération, les hommes et les

« choses eussent disparu engloutis en peu de
« temps. »

En se reportant aux propriétés de la vase et
du sable que nous venons d'indiquer, on voit
que la consolidation avec du gravier a l'immense
avantage de n'amener aucune modification dans
la section du lit qui prend de la consistance
sans changer de forme. Les autres moyens souvent employés dans les travaux, comme les fascines que nous avons examinées au fort espagnol
dans la rivière d'Auray, sont inférieurs comme
résultat et comme effet.

Il est vrai que là encore la nature du fond
particulièrement mobile peut justifier l'emploi
de fascines ; mais le gravier et le sable ont de
si remarquables propriétés que, judicieusement
employés, ils sont de nature à amener presque
dans tous les cas d'excellents résultats.

CHAPITRE III.

Huître à tesson. Huître libre. — Dans des parcs de reproduction bien disposés, en prenant les soins que nous avons énumérés, tant pour le choix des collecteurs que pour leur disposition, on arrive à remarquer dès le mois d'août de très-petites taches jaunâtres qui ne sont autres que du naissain. Ce naissain, fixé à la tuile, y peut grandir, et dans les premiers essais on s'était décidé à attendre deux ou trois ans avant de procéder à l'enlèvement : opération appelée détroquage. Mais sur les collecteurs les huîtres prennent des formes vicieuses. Emploie-t-on la pierre ou le bois, on a une huître très-plate ; emploie-t-on la tuile, l'huître se déforme et une partie du naissain est étouffée.

Enfin, en conservant pendant des années l'huître sur le collecteur, on se trouve dans l'impossibilité de varier au gré des besoins les soins que les huîtres réclament.

Si l'on avait de bons parcs d'élevage, on de-

Tenaille (instrument de détroquage
des huîtres à tesson).

Échelle de 1/10.

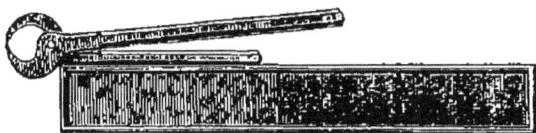

Couteau pour détroquage des jeunes huîtres.

Échelle de 1/2.

vrait détroquer de bonne heure pour laisser grandir l'huître dans les meilleures conditions. Mais la voie à suivre pour le meilleur élevage n'est pas encore bien déterminée dans le Morbihan; la diversité des usages va nous le montrer d'une manière décisive.

Lorsqu'on enlève une jeune huître de son collecteur, la valve par laquelle l'adhérence se faisait est très-mince, et malgré l'existence d'un appendice calcaire provenant du chaulage de la tuile, la jeune huître présente par sa face d'attache un point faible.

C'est en s'attaquant à ce point

5.

comme au défaut de la cuirasse que ses ennemis peuvent la détruire. Dès lors les procédés de premier élevage tendent à soustraire l'huître détroquée à ses ennemis tout en lui permettant de se développer.

On distingue denx systèmes principaux dans le Morbihan.

Le premier consiste à découper chaque tuile et à laisser à chaque huître un morceau de tuile ou tesson adhérant à la coquille. Alors plus de partie faible mise à nu, plus de prise pour les ennemis.

Le second consiste à enfermer le naissain dans des caisses dont les parois et le couvercle, de toile métallique, permettent l'action de l'air, de la lumière, des courants, mais opposent à l'entrée des ennemis, crabes ou crevettes, un obstacle infranchissable.

Ces deux systèmes sont défendus et critiqués avec une égale ardeur ; tous deux ils conduisent à un rendement industriel abondant.

Pour éclairer le débat sans avoir la prétention d'élucider complétement la question, nous devons nécessairement faire connaître l'appréciation des divers parqueurs :

« Les uns voudront conserver leurs tuiles,
« dit M. Henri Leroux, et les couvriront d'un
« enduit très-épais qu'ils enlèveront tous les ans
« avec les jeunes huîtres; les autres ne donne-
« ront à leurs tuiles qu'une couche légère de
« chaux que le naissain aura bientôt absorbée
« à son profit pour se fixer solidement sur la
« tuile.

« Chez le premier le travail de détroquage
« sera bien plus facile et moins coûteux et ses
« tuiles enduites encore l'année suivante auront
« autant de valeur que des neuves; les avanta-
« ges paraissent bien séduisants. Mais à l'âge de
« six ou huit mois, la jeune huître, séparée de
« son point d'appui, est aplatie et à valves très-
« minces, surtout la valve inférieure qui est
« transparente.

« En cet état l'huître est sans défense, elle
« est livrée à la voracité de ses ennemis. Un
« groupe de quarante mille exposées en cet état
« avait disparu au bout de quinze jours. Nous
« en avons fait deux fois l'expérience.

« Si pour éviter ce désastre le parqueur met
« sa récolte dans des bassins, il s'expose aux
« mêmes dangers, et nous avons vu tout récem-

« ment dans un bassin de 15 à 20 ares dispa-
« raître plus d'un million d'huîtres étouffées
« sous le sable remué par les cancres et les vers
« noirs. Les buttes formées par ces vers se tou-
« chaient à se confondre.

« Ce sera donc aux caisses bordées de toile
« métallique qu'il faudra recourir pour sauver
« sa récolte. Mais n'y-t-il pas lieu de réfléchir
« sur cette dépense quand il y a plusieurs mil-
« lions d'huîtres à préserver ?

« Si d'un autre côté les tuiles sont maintenues
« dans l'eau jusqu'à la deuxième année pour
« attendre que l'huître soit assez forte, on n'aura
« que des huîtres mal conformées et l'économie
« sur les tuiles devient une source d'ennuis et
« de déceptions.

« Au contraire la tuile enduite d'une couche
« calcaire nous paraît présenter beaucoup plus
« de sécurité.

« Le premier travail est bien plus long et plus
« pénible que pour la tuile à enduit épais ;
« mais la jeune huître bien adhérente sur la
« tuile y reste toujours fixée après qu'avec une
« tenaille coupante de notre invention la tuile
« a été facilement découpée à la taille du jeune

« mollusque. Ainsi mis en liberté sur les parcs
« d'élevage, il est en état de se défendre contre
« ses plus grands ennemis (les cancres et les
« poissons ostréivores) par le poids et la résis-
« tance du tesson de tuile. »

A cette opinion qui semble appuyée sur des
raisonnements et des conclusions logiques, nous
allons opposer l'avis de MM. de Solminihac et
Mauduy, qui possèdent au fort Espagnol (rivière
d'Auray) un important parc de reproduction
alimentant leur remarquable établissement de
Bélon.

Parlant des premiers essais où on laissait les
huîtres grandir sur le collecteur même, MM. de
Solminihac et de Mauduy s'expriment ainsi :

« Aux mois de mars et d'avril, les huîtres ayant
« deux ans, nous les jugeâmes assez fortes pour
« être reparquées et nous les fîmes détroquer.

« Ce moyen nous donna des résultats, sinon
« satisfaisants, au moins engageants. Nous eûmes
« à remarquer qu'il occasionnait des frais con-
« sidérables et bien des inconvénients : une si
« grande quantité de tuiles demandait, pour per-
« mettre aux huîtres de se développer, un très-
« grand espace : les nôtres, que nous fûmes

« obligés de mettre très-serrées, donnèrent beau-
« coup de mortalité et une très-grande quantité
« de jeunes huîtres complétement privées de
« lumière ne poussèrent presque pas.

« Nous essayâmes de détroquer plus tôt, c'est-
« à-dire en mai et juin, et de jeter nos jeunes
« huîtres sur nos parcs ou dans des bassins in-
« submersibles où nous faisions renouveler l'eau
« tous les jours. Les huîtres jetées sur les parcs
« disparurent presque complétement, celles des
« bassins insubmersibles réussirent mieux, mais
« leur développement fut tellement insignifiant
« que nous crûmes nécessaire de les jeter sur les
« parcs au mois d'août. Nous en conservâmes
« environ un tiers.

« Nous essayâmes en même temps quelques
« caisses en bois mince qui nous donnèrent peu
« de résultats. Ce fut alors que M. Coste nous
« engagea à employer les caisses en fil de fer en
« usage à Arcachon.

« Nous fîmes confectionner, sur le modèle
« qui nous fut adressé d'Arcachon, 300 caisses
« métalliques.

« Dans ces caisses placées par nous dans diffé-
« rents endroits de la rivière et le plus possible

ple.

Caisse en toile métallique.

pour recevoir les naissains en attendant leur livraison.

Caisse à double compartiment.

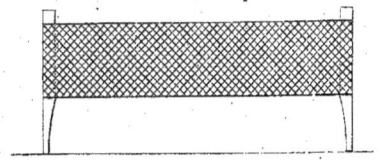

Echelle de 1/20.

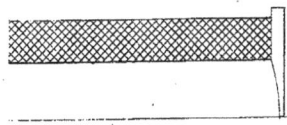

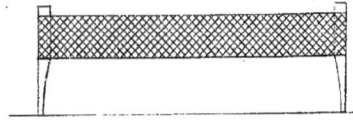

« ses nouvelles en toile métallique. »

Caisse simple.

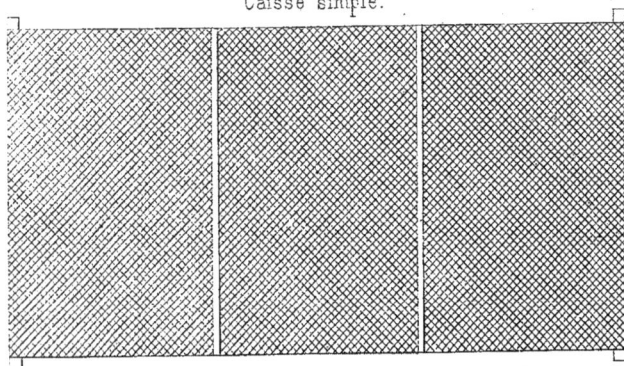

Caisse en toile métallique.
pour recevoir les naissains en attendant leur livraison.

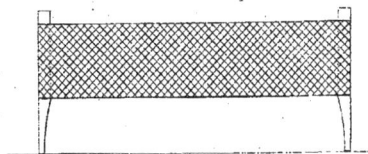

Caisse à double compartiment.

Echelle de ⅛₀.

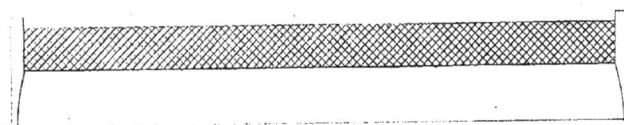

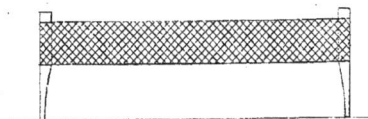

« à proximité des courants, nous mîmes quatre
« millions de naissains provenant de notre ré-
« colte de 1873, du fort Espagnol.

« Ces caisses, placées à différentes époques du
« printemps et de l'été, nous donnèrent des
« résultats magnifiques malgré le grand nombre
« d'huîtres que nous avions accumulées dans
« chaque caisse.

« La mortalité dans ces caisses a été bien in-
« signifiante et nous en avons retiré plus d'un
« demi-million d'huîtres de 5 à 6 centimètres
« et le reste de 3 à 4 centimètres, huîtres que
« nous avons pu livrer au commerce dans de très-
« bonnes conditions.

« Pour nous, aujourd'hui, le problème de la
« récolte du naissain et de l'élevage des petites
« huîtres est un fait accompli, et profitant de
« l'expérience acquise au prix de longs et péni-
« bles efforts, nous sommes convaincus que le
« naissain de 1874, sur lequel nous allons opérer
« au printemps prochain, nous donnera des ré-
« sultats bien supérieurs à ceux de l'an dernier.

« Bien convaincus de l'importance de cette
« opération, nous faisons confectionner 500 cais-
« ses nouvelles en toile métallique. »

On le voit, les conclusions sont tout opposées et cette opposition se rencontre à chaque pas dans des parcs voisins ; tandis que M. de Wolbock abandonne la production de l'huître à tesson, M. Gressy la maintient.

Si nous voulions trancher la difficulté, nous devrions envisager la situation de chaque parc ; car il ne faut pas l'oublier, il n'y a pas dans l'industrie dont nous nous occupons de procédé universel. C'est ce qui, en fait, constitue et la difficulté et les dangers. Le proverbe : « Vérité « en deçà des Pyrénées, erreur au delà » a trouvé ici une sérieuse application : et c'est à cette diversité de méthodes qu'est lié le progrès.

Mais, d'une manière générale, il faut reconnaître que la caisse ostréophile est indispensable à un parqueur. Ce dernier la possédera en nombre plus ou moins considérable ; mais elle lui est nécessaire, ne serait-ce qu'à titre d'ambulance. Nous avons examiné maintes fois des huîtres dont la coquille avait été complétement brisée ; des parties mêmes avaient été enlevées. Ces huîtres, posées dans des caisses à parois et couvercles de toile métallique protégées ainsi contre les ennemis, mais soumises à la vivifiante action de la lumière et des courants, ont eu des pousses surprenantes. La coquille s'est cicatrisée et, remarquable phénomène, les nouvelles lamelles calcaires se développant avec une promptitude vertigineuse, recouvraient la partie blessée comme pour la fermer au plus vite et donner dans le moindre délai au mollusque intérieur une complète garantie.

MM. Martin d'un côté, de Solminihac et Mauduy de l'autre, ont fait souvent l'expérience que le déchet du détroquage formé de nombreuses parcelles de chaux ou ciment autrefois jeté au vent, pouvait, grâce à la caisse ostréophile, être sérieusement utilisé. Il suffit de placer les déchets dans une caisse à mailles serrées pour voir au bout de quelques mois apparaître au sein de ces débris calcaires de magnifiques petites huîtres poussant avec vigueur. Sur une exploitation de 3 à 5 millions de naissains, on est tout surpris de sauver ainsi 400,000 sujets.

D'une manière générale, toutes les huîtres mises en caisses, naissain ou jeunes huîtres, petites huîtres de drague, huîtres de trois ans même, se bonifient d'une manière remarquable et s'améliorent mieux qu'avec tout autre système.

L'expérience, sous ce rapport est concluante : théoriquement la caisse ostréophile est excellente ; pratiquement doit-elle toujours être employée ? C'est là où la question, pour être tranchée dans chaque cas, conduirait à étudier la situation de chaque parc. Nous dirons seulement qu'il y a avant tout et surtout une question de dépense ; tout est lié à la valeur que prend le naissain par son passage en caisse. Une caisse coûte en moyenne de 15 à 20 francs, elle a généralement 2 mètres de long, 1 mètre de large et 0^m.16 de profondeur ; elle nécessite beaucoup d'entretien, est détruite par l'action de la rouille en trois ou quatre ans et est soumise en conséquence à un perpétuel renouvellement. Chaque parqueur doit faire son calcul, et s'il a un débouché assuré avec bénéfice convenable en se passant de la caisse, il n'y a aucune raison pour l'employer. Mais nous le répétons, généralement, il n'en est pas ainsi, la caisse rend de grands services, et avec elle la solution du premier élevage est complète.

M. Gressy lui-même le reconnaît, mais prétend que l'élevage des naissains en boîtes ostréophiles n'est possible que dans l'intérieur des bassins où le ressac n'a pas d'action.

Il ajoute d'ailleurs que le naissain libre peut s'élever sans caisses en choisissant bien le lieu d'étalage.

« Le lieu pour l'étalage du naissain libre ou « sans tesson est la zone la plus élevée du parc : « un peu au-dessous du niveau de mer basse de « morte eau ; plus haut, l'huître meurt aux rayons « du soleil en été et par le froid en hiver.

« Le poisson et les cancres, le poisson surtout, « s'aventurent moins à cette altitude. Ils fré- « quentent de préférence la région profonde du « parc qui ne découvre presque jamais.

« Il demeure démontré pour moi qu'en pla- « çant les jeunes naissains libres sans tesson à « la hauteur que je viens d'indiquer, on les sauve, « tandis que, semés plus bas, on doit les consi- « dérer comme perdus. »

Quoi qu'il en soit, il nous semble rationnel de conclure en général qu'au moment du détro- quage il faut placer le naissain en caisse lors- qu'on ne produit pas l'huître à tesson. On le répandra sur les parties hautes des parcs lors- qu'il aura acquis un peu de taille et de force et on le rapprochera du courant inférieur dans la zone basse du parc quand il présentera une plus grande résistance.

Ceci posé, quel doit être le moment du détroquage?

En principe, les ostréiculteurs du Morbihan admettent qu'il faut détroquer de bonne heure, et ils ont raison. Laisser les collecteurs en place pendant un ou deux ans, conduirait à provoquer un dangereux envasement qui aurait l'inconvénient d'ailleurs d'étouffer en partie la récolte.

Aussi la pratique généralement suivie consiste-t-elle à commencer le détroquage en mars et avril. Avec un couteau flexible on pénètre sous le chaulage de la tuile et l'on obtient ainsi avec rapidité et sans blesser trop d'huîtres le produit particulier que le docteur Kemmerer appelle de la graine d'huîtres. On se trouve en mars et avril au début de la période dite de la pousse. En été les huîtres grandissent, en hiver elles s'engraissent.

Ainsi, si l'on blesse des huîtres en détroquant au commencement du printemps, on se trouve dans les meilleures conditions pour la guérison.

Il y a un parqueur fort intelligent, M. Alphonse Martin, qui commence le détroquage dès le mois de novembre.

« J'ai trois cent cinquante caisses, dit-il, et
« je puis par ce moyen placer tous mes jeunes
« naissains dans ces caisses pour passer l'hiver
« et ainsi sauvegarder dans un espace restreint
« ces malheureux mollusques et les mettre à
« l'abri du crabe, des bigorneaux, de l'amon-
« cellement des vases ou de la force du courant
« qui les enlèverait. On obtient aussi par ce tra-
« vail une huître jolie de forme, qui ne porte
« pas avec elle cette empreinte de mortier dés-
« agréable et qui n'est pas plate comme celle
« qu'on laisse quinze mois sur la tuile. »

Ce sont les conditions de vente et la facilité de l'élevage qui seules peuvent faire décider si l'huître née en juillet doit être détroquée au mois d'octobre ou au mois d'avril suivant.

Claires et bassins submersibles. — Quel que soit le moment où le détroquage se fait, il est reconnu, dans le Morbihan, qu'il est indispensable d'avoir à sa disposition des claires ou bassins et d'y remiser autant que possible les collecteurs pendant l'hiver. En effet, pendant cette

saison il peut survenir de grands froids par
vents de nord ou est. Or, par ces vents la mer

Caisse pour mettre le travail de la journée.

Élévation de face.　　　　　　Élévation latérale.

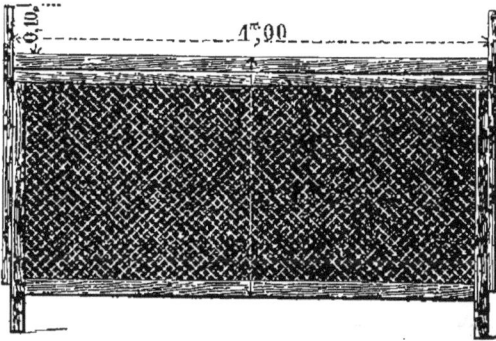

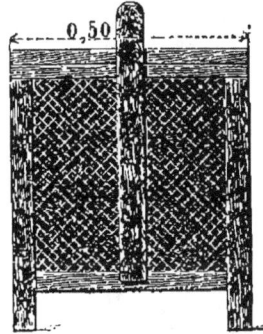

tombe plus que par vents de sud-ouest, elle se
retire davantage et peut laisser à nu presque

Pelle à épuisements.

tous les collecteurs d'un parc pendant de longues heures. Cela suffit pour tout ruiner. L'hiver
de 1870 a été cruel sous ce rapport. M. Eugène
Leroux déclare qu'à cette époque il a perdu
pour 60,000 francs d'huîtres en moins d'une
journée et d'autres ont été éprouvés comme lui.

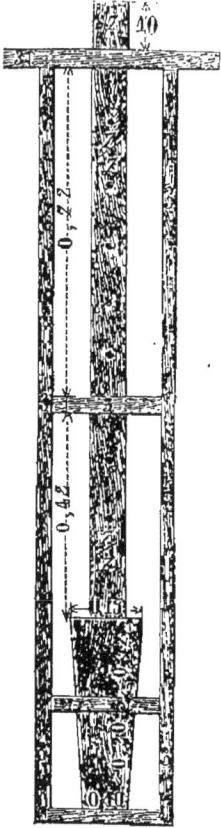

Aussi M. Gressy a-t-il sagement distribué, au-tour de ses parcs de Cuhan, des claires et bassins et con-seille-t-il vivement à tous les parqueurs de mettre pendant l'hiver toute leur récolte d'été à l'abri.

Vanne
pour réservoir.

Échelle 0.05 pour 1ᵐ.

Les beaux bassins de M. de Wolbock sont bien connus et M. Eugène Leroux vient d'en faire construire à son tour : on ne saurait trop encourager nos ostréiculteurs dans cette voie.

Ennemis de l'huître. — Dans cette période qui s'étend entre le détroquage et le développe-ment normal de l'huître, cette dernière est exposée à de nom-breux ennemis.

Nous avons eu occasion d'en parler souvent sans les nommer. Le moment est venu d'entrer dans quelques détails ; notre tâche sera d'ailleurs facile : nous n'avons qu'à re-produire la vivante description de M. Chaumel.

« Depuis le printemps où ils apparaissent
« jusqu'aux froids où ils nous quittent, on aper-
« çoit ces cancres maudits, furetant, rôdant,
« cherchant quelques jeunes huîtres à broyer,
« souvent pour le seul plaisir de tuer, car je les
« ai vus allant de l'une à l'autre, les brisant
« entre leurs pinces et ne s'arrêtant que lorsque
« je les arrêtais et les broyais à mon tour.

« Pour les huîtres qu'ils ne peuvent briser
« ils agissent de ruse : en se mettant en quelque
« sorte en arrêt, ils guettent sans bruit, sans
« mouvements le moment où les valves de
« l'huître s'entr'ouvriront pour tâcher d'en-
« gager profondément par le coude une de leurs
« pattes puis, avec la fine extrémité d'une autre
« patte, ils la déchirent et la mangent cette
« fois.

« Si le cancre manque son coup et n'arrive
« qu'à engager l'extrémité de sa patte sur la-
« quelle l'huître se ferme avec force, il se trouve
« pris à son tour et traîne cette huître comme
« un forçat son boulet.

« C'est encore une huître bien compromise
« pour le parqueur.

« Mais l'huître, heureusement pour elle et

« pour nous, n'est pas aussi bête qu'elle en a l'air
« et ne s'y laisse pas souvent prendre : j'ai en
« effet presque toujours vu le cancre en être
« pour ses frais. Quand ce n'est pas ainsi qu'ils
« s'y prennent pour nuire, c'est autrement, et
« voici comment ils font :

« Ce sont des sociétés entières qui se réunis-
« sent pour creuser des trous, grands souvent
« comme une cuvette, en se servant d'abord
« de leurs pattes ; puis, lorsque ces trous
« s'élargissent et deviennent trop profonds pour
« que le travail puisse continuer ainsi, ils char-
« gent le sable vasard ou la vase sur leur cara-
« pace, remontent déposer leur fardeau en
« dehors du trou et enterrent ainsi toutes les
« huîtres voisines.

« Sous l'action de la lame, d'autres huîtres
« sont jetées et enfouies dans ces fosses : c'est
« ce que nous essayons d'éviter avec les râteaux
« à long manche.

« J'ai oublié de dire que les cuvettes, les sou-
« terrains creusés par les cancres, ces taupes de
« la mer, servent d'abri à leur progéniture.

« Puisque j'ai parlé des cancres, je vais passer
« en revue les autres ennemis de l'huître les

6

« plus à craindre ; c'est d'un intérêt capital pour
« tous.

« Le *murex tarentinus*, connu sous le nom
« de bigorneau perceur, est muni d'un petit
« appareil en forme de râpe garni de pointes
« très-acérées et plus dures que le diamant,
« avec lequel, ainsi que l'indique son nom il
« perce et tue l'huître.

« C'est un parasite de la plus dangereuse es-
« pèce.

« Placés par moi sur des collecteurs garnis
« de naissains, j'ai vu des murex adultes les
« percer les uns après les autres et ne quitter le
« collecteur qu'après avoir tué le dernier. Ha-
« bituellement ce sont les jeunes perceurs qui
« s'attaquent aux jeunes huîtres; à peine attei-
« gnent-ils la grosseur d'une épingle qu'ils per-
« cent le naissain.

« L'adulte se réserve les grosses : à chacun son
« œuvre de destruction.

« Pour se préserver d'une manière efficace de
« ces dangereux parasites, il faut d'abord les
« chasser en tout temps, mais surtout aux
« grandes marées d'avril et mai.

« Les rondes les plus actives doivent alors

« être faites sur le bas du parc, où l'on doit
« retourner, écarter, visiter, pierres, tuiles,
« bois, en un mot tout ce qui peut leur servir
« d'abri, voire même les huîtres ou leurs co-
« quilles mortes.

« Dans les visites de cette époque on les ren-
« contre toujours par groupe de dix, quinze,
« vingt individus. Si l'on regarde avec plus de
« soin dans le voisinage de ces groupes, on
« rencontrera tantôt leurs œufs, qu'on peut
« du reste trouver seuls si leur ponte est ter-
« minée.

« Ces œufs ressemblent assez à des grains de
« gros froment ; ils sont placés debout et forte-
« ment attachés par leur base sur le corps dur
« qu'ils ont choisi pour les déposer. Le nombre
« des œufs pour chaque nid s'élève souvent à
« plusieurs centaines, et dans chaque œuf il y
« a en moyenne trente-trois sujets.

« Je n'ai pas besoin de démontrer davantage
« l'importance qui s'attache à la destruction,
« soit des perceurs, soit de leurs œufs.

« Après l'éclosion, le nid conserve encore
« longtemps le même aspect ; ce n'est qu'en
« regardant avec une grande attention qu'on

« découvre une imperceptible ouverture au
« sommet de l'œuf ; on est arrivé trop tard.

« Plusieurs signalent aussi le *nassa reticulata*
« comme une variété de bigorneaux perceurs
« tout aussi dangereuse que la première. Les
« observations et les recherches que j'ai faites
« ne me permettent pas de partager cette
« opinion.

« J'ai encore à parler de la *thère* de la famille
« des raies, une autre redoutable ennemie de
« l'huître qu'elle dévore après l'avoir broyée
« sous ses puissantes mâchoires.

« Quand ces poissons tombent sur un parc,
« c'est une véritable dévastation. Il faut avoir
« vu leurs dégâts pour se les figurer.

« Dès la première année j'ai eu à souffrir ici
« de leurs déprédations, mais j'ai immédiate-
« ment mis en pratique le moyen qu'à Arcachon
« j'avais eu l'heureuse inspiration d'employer,
« et qui consiste à multiplier les piquets de
« façon à gêner leur marche toujours oblique
« lorsqu'elles veulent descendre sur le fond.

« Est-ce à cette combinaison que j'ai dû de
« m'en débarrasser?

« Il est possible, en effet, que se heurtant aux

« pieux une première fois elles ne veulent plus
« se hasarder à recommencer leur manœuvre,
« ou encore est-ce la frayeur que leur inspirent
« ces ennemis? On est tenté de le croire, surtout
« quand on connaît la pusillanimité de la
« thère. »

 « Je vais enfin, plutôt par curiosité que pour
« tout autre motif, signaler un singulier ennemi
« du naissain : c'est la crevrette ; mais comme il
« lui faut un certain espace pour évoluer, il lui
« est assez difficile de commettre de grands
« dégâts sur les collecteurs; elle en commet
« pourtant, et voici comment :

 « S'il n'avait pas été déjà question des navires
« à éperon, ma découverte aurait pu m'en
« donner l'idée.

 « La crevette se prend en effet pour défoncer
« l'huître naissante absolument comme devra le
« faire un bâtiment-bélier. Elle se place à quel-
« que distance du point à battre, et fonce dessus
« de toute la vitesse qu'elle peut acquérir en
« dirigeant son puissant éperon (comparé au
« reste du corps) sur la coquille qu'elle perce
« ainsi.

« Cette attaque se renouvelle jusqu'à ce
« qu'elle juge qu'elle n'a plus qu'à se poser
« sur sa victime pour la dévorer. »

L'étoile de mer, que les pêcheurs anglais
redoutent tant pour les bancs d'huîtres, semble
peu à craindre sur les côtes du département du
Morbihan.

Toutefois M. le docteur Gressy a présenté au
concours régional de Vannes une étoile de mer
tenant enlacée une huître dont les bords avaient
été comme limés par les râpes dont sont garnis les rayons de l'étoile dans leur partie inférieure. Il est probable que sur les bancs, si ce
n'est sur les parcs, l'étoile se nourrit d'huîtres
en les saisissant, les enlaçant, limant les bords,
jusqu'à ce que le mollusque soit mis suffisamment à nu pour être dévoré par succion.

A côté de ces ennemis qu'on pourrait appeler
directs, d'autres causent des ravages qui, pour
être indirects, n'en sont pas moins sensibles.
Ainsi le ver marin creuse de vraies cavités où
les huîtres viennent s'enfouir, s'envaser et
mourir. La seule manière de se préserver consiste à macadamiser le sol, argileux ou vaseux,
avec du gravier ou des cailloux cassés.

Nous avons eu l'occasion, quand nous avons parlé des zones des parcs, d'indiquer que les polypes formant comme autant de petites vessies viennent s'attacher aux collecteurs : sans constituer un ennemi, ils se comportent comme les moules, qui, elles aussi, viennent prendre parfois la place des huîtres et se développent sur la coquille du naissain et des huîtres mères. MM. de Mauduy et de Solminihac ont eu l'occassion d'observer à Bélon de vraies invasions de moules, qui ont dans une certaine mesure arrêté la pousse des huîtres.

Le moyen de s'en préserver n'est pas connu encore, mais le moyen d'empêcher la funeste action de ces moules consiste à tenir les huîtres dans un grand état de propreté. Sous ce rapport, le naissain en caisse se prête à de nombreux lavages soit avec la pelle hollandaise, soit avec une pompe aspirante et foulante.

La propreté en général est la meilleure garantie contre les ennemis de ce genre.

Au total, l'ennemi que nos parqueurs redoutent surtout est le cancre. Pour s'en débarrasser on a imaginé des boîtes de modèles divers. Celle de M. Liazard a été surtout re-

marquée. C'est un prisme garni de toile métallique percé par le haut, fermé dans le bas.

L'intérieur est garni de pierres pour assurer
le lestage, et de débris de poisson pour former
appât.

Le cancre, en s'introduisant par le haut, est
emprisonné. Les captures ainsi faites atteignent
parfois un chiffre considérable.

CHAPITRE IV.

Possibilité de faire de l'élevage, et de l'en-graissement sur les côtes du Morbihan. — En suivant les développements que nous venons de donner, on voit que dans le Morbihan, sinon tous les parcs de reproduction, au moins les meilleurs d'entre eux sont composés : 1° de rives sur lesquelles se placent les collecteurs ; 2° de claires ou lieux d'attente où la récolte peut se remiser en hiver ; 3° de caisses ou autres organes servant à défendre le naissain contre ses ennemis, quand le naissain est libre ou sans tesson.

Ces parcs devraient se compléter par des lieux d'étalage et des endroits spéciaux, dits parcs d'élevage, où les huîtres récoltées feraient spécialement leurs pousses et prendraient de la coquille et du corps.

Malheureusement les parcs d'étalage et d'en-graissement n'existent généralement pas dans le Morbihan, ou sont insuffisants pour faire grandir convenablement tout le naissain récolté. C'est sur cette branche de l'ostréiculture que devra se porter à l'avenir l'effort de ceux qui comprennent l'importance des produits dont nous nous occupons.

La reproduction est résolue aujourd'hui : c'est l'élevage et l'engraissement qu'il faut tenter. Tandis que dans le domaine de la reproduction nous avons trouvé des pratiques sûres et des principes bien établis, dans le domaine de l'élevage et de l'engraissement il y a des indé-terminations que la suite va révéler.

Ici nous retrouvons avec toute son importance l'influence de la nature du sol où l'huître grandit. Ce mollusque a plus les qualités extérieures du végétal que de l'animal.

Presque incapable de mouvement de trans-port, il subit jusque dans ses profondeurs l'influence du terrain qui lui sert de lit. Nous avons vu quelles difficultés il a fallu vaincre pour faire de la reproduction au milieu de nos vases; que sera-ce lorsqu'il faudra faire de l'élevage et de l'engraissement?

Le problème de l'élevage et de l'engraisse-

ment est-il possible sur nos côtes ? Voilà ce que
certains esprits se demandent avec une crainte
mélangée d'incrédulité.

Devant ces questions qui se sont posées
devant nous, nous avons toujours répondu
affirmativement, et il est utile de connaître
les raisons sur lesquelles notre espérance s'appuie.

Il y a dans le monde un pays privilégié où le
commerce de l'huître occupe une place considérable : les États-Unis.

Là, cette industrie a procuré des fortunes
colossales, certaines d'entre elles sont même
royales : on évalue le capital d'un des marchands
d'huîtres d'Amérique à près de 50 millions.

Or, s'il est vrai que la nature des côtes et la
nature du fond exercent une influence prépondérante, comment est disposée cette côte si privilégiée, comment est constitué ce sol si favorable ?

Depuis le Saint-Laurent jusqu'à la Floride,
la côte américaine est profondément découpée.
A ces magnifiques baies, comme celles de Boston
ou de New-York, succèdent les profondes échancrures de la Delaware, qui arrose Philadelphie,

et de la Chesapeake, dont les grands affluents
baignent Richemond et Frédericksbourg, Was-
hington et Baltimore. Plus au sud, sur les rives
de la Caroline du Nord, nous trouvons ces mers
intérieures d'Albermale Sund et Pamplico Sund,
qui apparaissent comme de grands bassins pro-
tégés contre les lames du large par des môles
immenses.

Tout le long de la côte depuis le Nord jusqu'au Sud, les sondages indiquent du sable, du
sable vasard et de riches produits coquilliers.

Dans l'intérieur des anses la vase apparaît et
ces baies ou grandes ou petites reçoivent par
mille ruisseaux et rivières des eaux douces en
abondance.

Tantôt ce déversement se fait par de petits
cours d'eau comme dans la baie de la Delaware,
tantôt il se fait par ces magnifiques rivières qui,
près de leur embouchure, prennent un caractère majestueux : nous avons nommé le Poto-
mac et le Rappahannoc.

Quand on examine et étudie et ces innombra-
bles échancrures, et ces courants intenses, et
cette mer qui vient pénétrer jusque dans des
points retirés à l'intérieur, on est frappé par la

concordance d'aspect que présentent nos côtes de Bretagne.

Nous aussi nous avons un grand golfe parsemé d'îles et dont les découpures sont profondes ; nous aussi nous avons de larges rivières à eaux saumâtres et à grands courants ; chez nous aussi on trouve ces terrains tranquillement baignés par la mer dont l'action se fait sentir au loin jusqu'à Locoal et Sainte-Hélène.

Si, grâce à leurs côtes, les Américains ont l'huître à profusion et la cultivent avec art, nous pouvons aussi, puisque le problème de la reproduction est résolu, chercher à faire de la bonne culture, car la Providence a mis des lieux propices à la portée de nos parqueurs. Aussi à ceux qui nous ont dit : A nous la reproduction, à d'autres l'élevage, nous avons répondu qu'il fallait s'occuper de l'élevage tout en observant la division du travail, ne pas négliger de belles ressources et perdre de grandes richesses.

L'huître armoricaine doit être élevée et engraissée dans le pays même : alors elle n'aura plus de rivale.

Voilà ce qu'il faut proclamer bien haut, voilà ce qu'il faut dire à tous ceux qui nous opposent

7

les fonds mouvants et les vases, les sacrifices à faire et les luttes à soutenir.

Choix du terrain. Qualité des eaux. — On comprendra, d'après ce qui vient d'être dit, qu'il ne soit pas possible, au point de vue des principes, de poser des bases fixes pour l'élevage et l'engraissement comme celles que nous avons posées pour la reproduction.

Toutefois il semble que la recherche des actions naturelles du fond et du courant soit encore le fondement de cette partie spéciale de l'ostréiculture. M. Charles, un des plus anciens ostréiculteurs de la contrée, déclare qu'au point de vue de l'élevage et de l'engraissement rien ne vaut un terrain naturel bien préparé. Or, la seule préparation rationnelle consiste à lui donner un peu de solidité en lui incorporant s'il est possible l'élément calcaire. On obtient ainsi un sol à peu près analogue à celui qui existe sur les côtes d'Amérique.

M. de Broca nous a appris, en effet, que l'huître américaine prospère sur des fonds de sable vaseux riches en production ani-

male et suffisamment abrités contre la mer du
large.

« Les eaux saumâtres, ajoute-t-il, que l'on
« trouve aux embouchures de certaines rivières,
« constituent une des meilleurs conditions pour
« le succès de cette industrie. »

D'ailleurs, il est si vrai que ce n'est qu'à la
dernière extrémité qu'il faut recourir aux procédés artificiels que les Américains, pour élever
et engraisser les huîtres, se contentent de les
déverser dans des criques où le courant se fait
sentir, mais où l'abri est complet et où la profondeur d'eau varie de 1 à 3 mètres au-dessous de la basse mer.

M. de Broca, qui donne ces renseignements,
ajoute cette judicieuse observation :

« En Amérique, les parcs dans le sens exact
« du mot ainsi que nous l'entendons en France
« sont inconnus. L'ostréiculture américaine,
« plus simple dans ses détails, consiste à semer
« des mollusques sur les terrains maritimes de
« la côte. Dans les sables purs elles croissent
« faiblement et ne s'engraissent pas; dans les
« vases elles contractent un mauvais goût et
« risquent d'être étouffées; dans les sables modé-

« rément vaseux elles se développent à mer-
« veille, surtout lorsque les eaux sont légère-
« ment saumâtres. »

Le choix du terrain est toujours une question
fort délicate, car pour l'élevage et l'engraissement il faut beaucoup d'espace.

« La baisse du prix des huîtres, dit M. le doc-
« teur Henri Leroux, ne dépend plus aujourd'hui
« que du plus ou moins d'espace confié par l'État
« aux ostréiculteurs. »

Ces terrains sont à rechercher et à appro-
prier. C'est une grosse difficulté.

Il semble au premier abord que le golfe du
Morbihan et certaines parties des bords de nos
rivières, entre le niveau des basses mers de
mortes eaux et la laisse des hautes mers pourraient être utilisés avec succès. C'est un essai
que bien des parqueurs du Morbihan sont disposés à tenter.

Nous avons entendu manifester à ce sujet le
désir de voir dans les eaux d'un parc d'élevage
ou d'engraissement des matières animales dont
les huîtres se nourriraient.

C'est là une préoccupation qu'il faut écarter

dès le début en ne recherchant qu'un fond solide et l'action du courant.

Nous l'avons déjà dit, l'huître est un remarquable laboratoire où les transformations s'effectuent naturellement. Bien peu de chose est nécessaire au développement de ce mollusque, et ce qui est le meilleur doit être facilement assimilable, c'est-à-dire échapper à notre vue.

Il est remarquable que dans tous les pays où l'on s'est occupé d'élevage et d'engraissement la même pensée se soit fait jour.

« Une croyance, dit M. de Broca, très-accré-
« ditée aux États-Unis et en Angleterre, c'est
« que l'on peut engraisser les huîtres en répan-
« dant de la farine (ordinairement du maïs) dans
« l'eau qui les baigne. Quelques planteurs du
« New-Jersey se servent, dit-on, de ce procédé
« dans de petits étangs, mais il est probable que
« l'emploi du maïs a peu ou point d'effet sur
« ces mollusques, dont l'estomac délicat ne pa-
« raît point susceptible de digérer une semblable
« nourriture. »

Préparation du sol. — En écartant donc la possibilité d'élever des huîtres tout artificiellement, il faut rechercher un emplacement à fond solide, et si ce fond solide ne se trouve pas, il faut le créer.

C'est là le résultat auquel est arrivé M. Chaumel dans le golfe du Morbihan, et son exemple peut être suivi avec facilité.

C'est là aussi ce qu'on a été obligé de faire dans cette rivière de Bélon qui est pour l'engraissement ce que la Trinité est pour la reproduction. MM. de Mauduy et de Solminihac, qui ont créé à Bélon un établissement remarquable, ont eu de grandes difficultés à vaincre.

« Le sol de la rivière, disent-ils, ne se présen-
« tait pas partout favorable à l'existence de
« l'huître ; presque partout les abords du che-
« nal, seuls endroits propices, présentaient des
« bancs de vase sur lesquels les huîtres à peine
« déposées disparaissaient. Il fallut donc pro-
« céder à l'appropriation du sol. Les vases
« enlevées sur une épaisseur variant de 0ᵐ.20
« à 1 mètre, nous fûmes dans la nécessité de
« macadamiser le sol et d'y reconstituer un
« fond propice à l'huître. Nos efforts furent cou-
« ronnés de succès, car nos huîtres, déposées
« sur ce sol factice dès le commencement du

« printemps (autant que possible en mars), trans-
« formaient complétement la nature de leurs
« coquilles, grandissaient dans des proportions
« considérables en même temps que la partie
« comestible engraissait d'une manière prodi-
« gieuse. »

Mais cette constitution du sol d'étalage n'est
pas toujours possible dans les fleuves et sur les
côtes du département du Morbihan. Dans une
petite rivière qui se jette dans la rade de Lorient,
un parqueur a été conduit à un système ingé-
nieux auquel un réel avenir semble réservé.
M. Turlure, concessionnaire d'un parc dans la
rivière du Ter, s'était contenté pendant longtemps de semer dans le chenal des huîtres de
drague qui s'y bonifiaient et devenaient rapidement comestibles. Désireux d'étendre le domaine
de ses opérations, il ne put arriver à utiliser les
parties émergeantes si vaseuses : un travail de
consolidation aurait été une opération aussi co-
lossale que coûteuse.

Il se décida à employer les cuvettes de M. Michel, conducteur des travaux hydrauliques du
port de Lorient. Ces cuvettes en béton de ciment
ont une surface de 1/5 de mètre carré et peuvent

retenir facilement 0^m.10 d'eau dans leur intérieur.

Au début on employa deux systèmes de cuvettes, les unes percées à jour dans le fond,
les autres pleines sur toutes leurs faces. Les
premières, combinées avec les secondes, pouvaient servir d'ambulance. Il semble après les
essais que la cuvette pleine a réellement une
portée pratique et qu'elle est de nature à rendre
dans certains cas d'immenses services.

M. Turlure a, aujourd'hui, 52,000 cuvettes
placées dans son parc, sur des points très-hauts
où tout élevage eût été impossible sans ce système. Ces cuvettes renferment 14 millions d'huîtres.

Le prix de revient de cette consolidation toute
particulière est de 6^f.50 par mètre carré.

Il est impossible, dans le moment actuel, de se
prononcer sur la valeur de ce système ; il demande à être étudié avec un soin scrupuleux.
Il présente cependant, au point de vue théorique,
l'avantage d'offrir aux huîtres, grandes ou petites, un fond exclusivement calcaire sur lequel
vient se déposer une vase fine, ténue, d'une
belle couleur brune et qui, ne renfermant pas

de matières animales ou végétales en décomposition, n'exerce sur l'huître aucune influence
fâcheuse.

Il ne faut pas perdre de vue, en effet, que
tant que la vase ne devient pas noire par suite
d'un dégagement de matières sulfureuses, elle
est, sinon propice, du moins inoffensive : dès
qu'elle est noire, elle est pour l'huître un vrai
poison.

Coste avait déjà fait connaître la mortalité
dont avaient été frappées, vers 1820, les huîtres
du lac Fusaro par suite de dégagements sulfu-
reux liés à des éruptions volcaniques; et la funeste
influence des vases, contenant des sulfures, est
aujourd'hui bien connue de tous les parqueurs
du Morbihan.

En supposant que de la vase noire vienne se
déposer dans les cuvettes, système Michel, l'action de l'air et de la lumière la transformerait
avec rapidité. Elle deviendrait brune par suite
d'absorption d'oxygène qui change les sulfures
en sulfates.

Ce qu'il y a de plus remarquable dans les
parcs d'élevage et de reproduction existant dans
le Morbihan, c'est la diversité des procédés, et

7.

l'attachement de chaque parqueur à son système. Ce dernier sentiment est très-louable parce que de la multiplicité des essais on déduira naturellement la voie du progrès.

C'est ainsi que sur cette même rivière du Ter, nous trouvons à l'embouchure les parcs de M. Charles, où les procédés sont totalement différents de ceux employés 300 mètres à l'amont par M. Turlure, et le succès de M. Charles est complet, car la réputation de ses huîtres n'est plus à faire.

Il possède des parcs d'étalage sur les parties émergeantes de la rivière, un grand bassin d'expédition et dans l'anse du Kérolé un beau bassin à fond argilo-sableux où les pousses sont remarquables, bien qu'il n'y ait aucun courant.

L'huître se développe vivement, et passe de $0^m.04$ à $0^m.06$ en six mois.

Mais chez M. Charles comme chez M. Turlure, comme à Bélon, comme dans le Morbihan, il faut toujours commencer par enlever la vase et faire une consolidation artificielle du fond pour avoir un bon élevage et un sûr engraissement de l'huître.

Toutes ces conditions semblent admirable-

ment réunies dans les parcs que M. Pozzy possède à Ludré-en-Sarzeau. La belle minoterie de
Ludré, située sur une pointe avancée en mer, et
qui apparaît comme un établissement où l'industrie humaine a essayé de ravir à la nature
une importante force motrice, possède un immense réservoir de près de 40 hectares de superficie. D'un côté, on trouve des parcs murés
destinés à recevoir des caisses ; de l'autre, des
bassins d'étalage ayant plus de 3 hectares de
superficie.

L'eau de la mer, par le jeu des marées, produit dans les parcs de sérieux courants et le
grand réservoir, fonctionnant comme magasin,
permet presqu'à tout moment de concentrer dans
l'un quelconque des parcs un écoulement per-
manent et intense. L'examen attentif du fonc-
tionnement des diverses parties de l'installation
si judicieuse de M. Pozzy montre qu'on possède,
dans les parcs de Ludré, les moyens de varier à
volonté l'action des forces naturelles qui sont si
favorables à la pousse du naissain. Le fond
argileux des bassins soigneusement bétonné se
prêtera à un élevage facile, et la possibilité de
placer les caisses de naissain sous la vivifiante

PARCS D'ÉLEVAGE DU ... (M. CHARLES, propriétaire.)

Pousses de l'h... [grandeur naturelle]

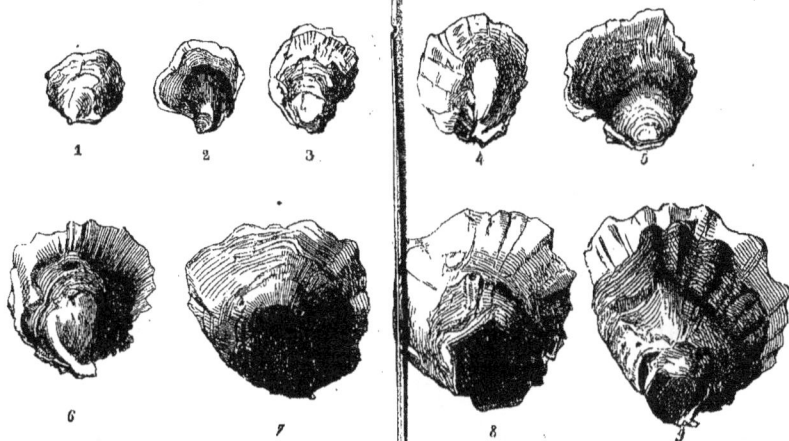

LÉGENDE

1. Naissain du 5 avril 1875, né en juillet 1874. . . . .
2. — du 20 avril 1875, id. . . . . . La figure 1 représente la face supérieure.
3. — du 5 mai 1875, id. . . . . . La figure 2 id. id.
4. — du 20 mai 1875, id. . . . . . La figure 3 id. id.
5. — du 5 juin 1875, id. . . . . . La figure 4 id. id.
6. — du 20 juin 1875, id. . . . . . La figure 5 id. id.
7. — du 5 juillet 1875, id. . . . . . La figure 7 représente la face d'attache avec le restant d'enduit.
8. — du 20 juillet 1875, id. . . . . . La figure 8 id. id. id.
9. — du 5 août 1875, id. . . . . . La figure 9 id. id. id.

action de courants, permettra d'avoir des pousses hâtives qu'on obtiendrait difficilement dans les parcs ordinaires.

Au total et malgré l'état presque embryonnaire de l'industrie de l'élevage et de l'engraissement, on peut prédire à courte échéance de sérieux résultats dans des parcs aussi favorablement situés, aussi judicieusement exploités que le sont ceux de Ludré.

Bassins. — Il est indispensable de joindre à tout parc d'élevage des claires et un bassin d'expédition; c'est à cette nécessité qu'ont dû obéir tous nos parqueurs, à Lorient, dans le golfe du Morbihan et à Bélon. En l'absence de ces organes, l'imprévu joue un rôle considérable, et l'imprévu est la ruine de l'industrie.

Soins pendant l'élevage et l'engraissement. — Les parcs ainsi disposés, il est intéressant d'indiquer les soins qu'il faut prendre pour assurer l'engraissement et le développement. Il faut avant tout ne pas amonceler les huîtres les unes sur les autres.

Coste avait déjà indiqué la proportion d'un million d'huîtres par hectare. C'est bien la quantité sur laquelle on opère à Marennes. En Amérique, l'étalage se fait dans les conditions identiques, et nos parqueurs ont tous indiqué la proportion de 100 huîtres par mètre carré. Ce point est acquis et hors de contestation.

Quant aux soins particuliers, MM. de Mauduy et de Solminihac les ont résumés brièvement dans les termes suivants :

« Nous donnons de très-grands soins à nos « huîtres parquées ; car l'expérience nous a « prouvé que plus on leur en donne, plus les « résultats sont satisfaisants. Ces soins consistent « principalement à enlever toutes les matières « étrangères que les marées peuvent déposer sur « les parcs, à retourner les huîtres, à relever « celles qui sont dans de mauvaises conditions, « à réparer les parties défectueuses du sol : ces « réparations faites, on replace les huîtres. Cette « opération exige un nombreux personnel pen- « dant toute l'année. »

Le parquage d'une huître de dimension marchande doit varier de six mois à un an.

Il n'y a pas d'opération qui nécessite plus

l'œil du maître, une surveillance plus active et
plus soutenue.

Résultats obtenus. Verdissement. — Mais le
résultat obtenu est en rapport avec les efforts
déployés. L'huître bien parquée prend sur nos
côtes une coquille coffrée; celle qui, avant le
parquage, a une chambre renfermant une eau
fétide qui se déverse dans l'intérieur sous l'action du couteau, perd ce défaut et prend un fond
solide et résistant. Le mollusque se développe,
la noix perd sa couleur brune et devient d'une
belle couleur blanche; tout en un mot révèle
une amélioration qui, pour le palais, est aussi
frappante que pour l'œil.

Une des qualités qu'on avait longtemps con-
sidérée comme une propriété particulière de
l'huître de Marennes, la viridité, est obtenue
facilement dans les parcs du Morbihan. Ce
phénomène singulier consiste dans l'apparition
d'une couleur verte prononcée, affectant spécialement les organes de la respiration, c'est-à-
dire les quatre feuillets branchiaux.

Coste l'avait observé avec soin à Marennes,

et avait remarqué que les huîtres vertes blanchissent toujours au moment du frai :

« Celles, dit-il, qui avaient antérieurement
« éprouvé cet effet, pâlissent peu à peu à mesure
« que la fécondation s'exerce, et finissent, quand
« vient l'époque du frai, par perdre entièrement
« leur teinte. D'un autre côté, celles qu'on dé
« pose blanches à cette époque restent blan—
« ches; ce n'est qu'à partir du mois d'août
« qu'elles se relèvent de cette déchéance
« temporaire qui n'a aucun inconvénient pour
« l'industrie, attendu que la coloration reparaît
« immédiatement après la ponte. »

Il est démontré aujourd'hui que le verdissement, dans les parcs du Morbihan, est lié à
l'arrivée d'eau douce dans les parcs et au développement d'une végétation sur le fond.

Il s'opère en quelques jours et n'indique rien
au point de vue de l'engraissement. A quoi
tient cette transformation ?

Quelques-uns de nos parqueurs l'attribuent à
une maladie de foie, d'autres à l'influence
exclusive du sol.

Berthelot, qui avait analysé avec soin des
huîtres vertes, avait cru pouvoir indiquer que

le verdissement tient à un oxyde métallique, sans doute à l'oxyde de fer.

Les marnes bleues de la Seudre renferment des éléments analogues; et cela seul montre que le fond offert à l'huître exerce une influence si décisive qu'on peut dire qu'en améliorant le fond on améliore l'huître.

Dans le Morbihan, la présence d'oxyde de fer est peu admissible. Ce serait donc la végétation verte qui produirait la coloration de l'huître. M. Charles a observé, en effet, que la végétation avait une tendance à disparaître autour de l'huître qui verdit; mais ce parqueur admet, avec raison, que le verdissement n'est possible que grâce à une disposition particulière de l'animal, maladie ou autre, qui disparaît pendant la période du frai.

Quoi qu'il en soit, il demeure acquis que dans les parcs du Morbihan le verdissement, que les amateurs d'huîtres du midi recherchent tant, peut être obtenu avec grande facilité, et que cette coloration n'indique rien au point de vue de l'engraissement et des qualités spéciales de l'huître.

CHAPITRE V.

Nous avons cherché dans ce qui précède à montrer quel était l'état de l'ostréiculture dans le Morbihan. Il est important en terminant de tirer de ces développements quelques conclusions, de faire connaître quel avenir est réservé à cette industrie, et moyennant quelles mesures cet avenir sera assuré.

Cause principale des insuccès de Coste. — On voit immédiatement que malgré la science de Coste, son ardeur et son travail, ses essais ont été, comme rendement industriel, radicalement infructueux. Il avait pourtant à sa disposition le matériel de la marine, des bateaux, des auxiliaires aussi intelligents que dévoués et, dans une certaine mesure, les ressources du Trésor public.

La raison en est fort simple. Cet être imper-

sonnel qui s'appelle l'État est incapable de
créer une industrie quelconque. Il a suffi d'a-
bandonner l'ostréiculture à des parqueurs qui,
bien qu'instruits et intelligents, ne sont en ma-
jorité ni des savants ni des académiciens, pour
faire réussir une industrie dont on avait prédit
l'avortement.

C'est qu'il manque à l'État, et il lui manquera
toujours, ce puissant levier qui s'appelle l'intérêt individuel. Une industrie n'est possible
qu'avec des bénéfices certains, et nul autre que
le marchand n'est capable de lui assurer cette
qualité par la recherche des débouchés et
l'étude des besoins du consommateur.

Or, le plus mauvais marchand de France,
c'est l'État.

Le rôle de l'État est tout autre; chargé de
protéger tout le monde, il ne doit pas quitter
cette sphère élevée et sereine de l'intérêt général pour descendre dans l'arène où se débattent
tant d'intérêts opposés, arène d'où il sort toujours amoindri et parfois déchiré. Abandonner
cette réserve et essayer de créer avec l'impôt
une industrie nationale, c'est faire du socialisme, généreux peut-être, mais du socialisme,

au total, dont d'autres sauront tirer les consét quences.

Napoléon III, dans sa jeunesse, avait étudié avec passion ces questions, et prêtait parfois à ces grandes théories socialistes une oreille attentive.

Voilà pourquoi Coste avait trouvé auprès de l'Empereur tant d'appui. Entraîné par son ardeur, il ne remarquait pas qu'il glissait sur une pente fatale et qu'il devait succomber malgré ses efforts.

Si, au lieu d'aller aux Tuileries, il s'était adressé à une association de capitaux et à l'industrie à laquelle il aurait fait partager sa confiance, l'ostréiculture, dégagée des entraves de l'État, aurait pris dès le début un essor plus grand et une marche plus assurée.

Loin de nous la pensée d'amoindrir le rôle de l'État, car nous allons faire appel à ses moyens dans un autre ordre d'idées; mais nous croyons qu'il importe de bien établir qu'il y a deux domaines : celui de l'industrie et celui du gouvernement, qui sont totalement distincts. Si on les confond, l'impuissance remplace les fertiles efforts et l'insuccès couronne l'œuvre la plus sérieuse.

Nous ne diminuons en rien toute la reconnaissance qu'on doit avoir pour ceux, fonctionnaires ou autres, qui ont travaillé à la création et au développement de cette industrie; mais nous sentons le besoin de proclamer dans une certaine mesure la toute-puissance de l'intérêt individuel en même temps que sa vigilance.

Nous croyons qu'en s'inspirant bien de cette pensée, les administrations publiques voudront bien, à l'avenir plus encore que par le passé, débarrasser d'entraves et d'obstacles la voie que cette industrie doit parcourir pour arriver à sa plus grande prospérité.

Nécessité de créer des parcs d'élevage et d'engraissement. — Cette prosperité sera assurée si, à la suite de la reproduction aujourd'hui certaine, on arrive à un élevage et un engraissement méthodiques.

« L'huître, s'écrie M. le docteur Kemmerer, « qui n'est qu'un aliment de luxe, deviendrait « un objet de consommation générale.

« A Paris, dans le mois de janvier 1875, on a « consommé 185,635,000 huîtres françaises. « C'est l'orgueil de l'ostréiculture.

« Les ostréiculteurs de Marennes avouent que
« sur 7 millions d'huîtres ils en perdent six
« dans leurs claires. C'est la honte de l'ostréi-
« culture. »

Nous ne pouvons contrôler ces chiffres, mais
nous allons essayer d'esquisser à grand traits la
statistique huîtrière du présent et celle de l'avenir dans cet intéressant département du Mor-
hihan.

D'après les relevés qui nous ont été fournis
par les commissaires de l'inscription maritime,
on peut calculer qu'il y a dans les limites ap-
proximatives du Morbihan 535 parcs à huîtres
occupant une surface de 426 hectares. Il est
assez difficile de faire la division en parcs de
reproduction, d'élevage et d'engraissement.

Toutefois une discussion attentive conduit à
faire la classification suivante :

40 hectares sont employés à la reproduction
et 386 à l'élevage et l'engraissement.

Il est prudent de réduire ce dernier chiffre à
300 hectares, car beaucoup de parcs sont peu
exploités ou même presque abandonnés.

Puisque pour élever l'huître trois ans sont
nécessaires et que l'huître en étalage et en en-

graissement exige environ 1 mètre carré pour cent sujets, il en résulte qu'il faut 3 hectares de terrain. d'élevage et d'engraissement pour chaque million de naissain produit. C'est le chiffre théorique, mais pratiquement on remarque immédiatement dans une concession certaines parties plus favorables que d'autres et quelques-unes même impropres à l'élevage et à l'engraissage.

En en tenant compte, en ajoutant les espaces perdus pour chemins d'accès et autre servitudes, on arrive à doubler le chiffre de 3 hectares et à le porter à 6.

Sur les 40 hectares affectés à la production, quel est le chiffre de naissain produit par an ? La réponse est délicate à faire et les évaluations bien différentes.

Certaines personnes comptent par tuile et prennent une moyenne; d'autres cherchent à se rendre compte du chiffre d'huîtres réellement produit : ces dernières se rapprochent de la vérité.

La production vraie, défalcation faite des pertes, varie de 200 à 1,000 huîtres par mètre carré de surface de parc de production. Certains

industriels ont 1 mètre carré de surface collectrice par mètre carré de parc, d'autres tombent à
0ᵐ².50 et même 0ᵐ².33.

La production sur nos côtes varie donc tous
les ans entre 80 millions et 400 millions d'huîtres. Nous croyons qu'il n'est pas prudent
d'accepter un chiffre supérieur à 80 millions.
Nous ne comptons pas les huîtres de drague
dans ce chiffre.

Or, si l'on adopte le chiffre de 6 hectares de
parc d'élevage et d'engraissement par million
d'huîtres annuellement produit, on arrive à
une surface obligée de 480 hectares pour élever
ce qui est né. Les chiffres donnés plus haut
montrent qu'il y en a 300.

En conséquence, si la production suit son
cours ascendant, si dans l'élevage on continue
d'observer un temps d'arrêt, l'offre surpassant
la demande, les prix s'aviliront, la spéculation
s'en mêlera, et nous arriverons à une crise.

Qu'on ne nous accuse pas de pessimisme :
l'industrie de la conserve de sardines par suite
d'un excès de production traverse une phase
douloureuse ; on se demande quel contre-coup
va réagir sur l'inscription maritime si la pêche

n'étant plus suivie, nos côtes sont désertées. On se demande comment on aurait pu parer à cette funeste conséquence, et l'avenir apparaît sous de sombres couleurs.

Que cette crise ne se présente pas pour l'industrie dont nous nous occupons, l'ostréiculture n'y résisterait pas. Une fois tombée, son relèvement serait bien difficile ; il serait inutile alors de provoquer des enquêtes, de faire de scrupuleux examens et de demander aux ostréiculteurs ce qu'il aurait fallu faire.

C'est aujourd'hui, à l'instant même qu'il faut s'occuper des besoins de l'ostréiculture dans le Morbihan ; c'est sur-le-champ qu'il faut dégager la voie et préparer à cette industrie l'espace où librement elle prendra tout son essor.

Que faut-il pour arriver à ce résultat ?

Il faut faire de l'élevage et de l'engraissement, c'est-à-dire avoir beaucoup d'espace.

Pour la production actuelle de 80 millions d'huîtres, il faudrait 480 hectares de parcs ; pour la production future de 200 millions, il faudrait 1,200 hectares.

Où les trouver sur les côtes du Morbihan ?

Les rives sont vaseuses, et si l'on veut essayer

de les conquérir, on change le régime, on modifie la section d'équilibre du lit des rivières, on provoque l'envasement. D'un autre côté, si l'on veut imposer aux parqueurs une redevance élevée qu'une industrie bien fixée justifierait, on étouffe dans son berceau une industrie naissante.

En présence des parqueurs qui désirent développer leurs établissements et des obstacles qui s'opposent à ce développement, apparaît le rôle de l'État.

Il est incontestable que pour empêcher l'envasement et la modification du régime de nos rivières, on peut combiner la création de parcs avec un endiguement judicieux. Mais cette opération nécessité une étude d'ensemble du cours de nos rivières. Cette étude ne peut être entreprise par les parqueurs, qui n'ont ni les éléments ni les moyens pour la mener à bonne fin.

L'État seulement, grâce à son personnel ressortissant au ministère des travaux publics, pourrait provoquer les études nécessaires pour déterminer dès à présent :

1° Les surfaces qui peuvent être aliénées ;

2° Les conditions techniques moyennant lesquelles cette aliénation sera possible sans nuire à l'intérêt général.

Ce travail fait, il serait porté à la connaissance des parqueurs qui, bien fixés, auraient dans le domaine industriel proprement dit à se rendre compte des chances de gain ou de perte, de prospérité ou d'insuccès que l'élevage et l'engraissement leur présenteraient.

Veut-on savoir dans quelle proportion l'industrie se développerait sur les côtes du Morbihan si ce programme pouvait se réaliser et si de nombreux parcs pouvaient être créés ?

Aujourd'hui 80 millions de naissain par an ne représentent qu'une valeur de 300,000 à 400,000 francs. Si l'engraissement était possible, on arriverait à mettre, en poussant la production, 40 millions d'huîtres comestibles à la disposition du consommateur, et les affaires de l'industrie se chiffreraient par 6 millions de francs, en calculant à 80 francs le mille.

Aujourd'hui, les 80 millions de naissain nécessitent dans l'année 160,000 journées de manœuvre, hommes ou femmes. Si l'élevage se faisait, c'est 600,000 journées qu'il faudrait.

Qu'on ne nous oppose pas qu'au total l'en-

graissement se fait loin de nous, et que si le
Morbihan en souffre, l'intérêt général n'y perd
rien, puisqu'il n'y a que richesse déplacée.
C'est là une erreur, car puisque le sol peut
prêter à l'engraissement, n'en pas faire, c'est
perdre une réelle richesse.

Les autorités du département du Morbihan
ont le devoir de bien examiner cette situation.
Sur nos côtes, on produit pour 10 millions de
francs par an de sardines en conserve; on
pourrait jeter pour 6 millions de francs par an
d'huîtres dans la circulation. L'industrie de nos
côtes se chiffrerait donc par 16 millions de
francs de produits annuels. C'est une somme
respectable qui doit éveiller toute la sollicitude
de ceux qui croient que la richesse publique est
liée à la richesse individuelle et locale.

Redevance. — En supposant qu'on donne
suite à ce vœu et que les études de surfaces
aliénables soient faites, quelle devrait être la
redevance à fixer?

Tout service doit se payer.

C'est là un principe économique qui doit entrer largement dans nos habitudes. Il faut donc

8.

fixer une redevance. Son taux seul est à discuter.

Cette redevance devrait, au début surtout, être très-faible et de nature seulement à sauvegarder la domanialité publique.

Il serait pénible de voir une mesure fiscale poser des entraves à cette industrie craintive par nature et qui cherche encore sa voie. Sans doute, dans l'état actuel du Trésor public et avec les charges qui pèsent sur notre pays, toute source de revenus est recherchée avec avidité; mais il faut se garder de tuer une poule aux œufs d'or. Il y a dans cette question, ainsi que l'a dit Bastia, ce qu'on voit et ce qu'on ne voit pas. Ce qu'on voit, c'est la redevance qui peut enrichir les revenus publics; ce qu'on ne voit pas, c'est qu'en mettant un obstacle, même léger à l'initiative des parqueurs, on arrête la marche d'une industrie dont les produits nombreux réagiraient certainement sur la fortune publique.

Il y a dans cet ordre d'idées un grand service à rendre à l'ostréiculture. L'État, en acceptant la proposition faite, serait complétement dans son rôle : jamais son intervention n'aurait eu des effets plus bienfaisants.

Concession à long terme. — Cette question amène tout naturellement celle du mode de concession suivi pour les parcs actuels et à suivre pour les parcs futurs.

Aujourd'hui, on le sait, tout parqueur est dans la complète dépendance de l'administration ; les concessions sont nominatives, révocables : ce que le ministre a donné, d'un trait de plume il peut le retirer. Nous avons entendu prononcer les mots d'arbitraire, de bon plaisir, de trouble qu'une faveur administrative pourrait jeter dans cette industrie. Nous ne le craignons pas : les principes d'intégrité, d'équité et de justice, qui sont comme le patrimoine de l'administration, resteront toujours en honneur. Mais à un autre point de vue, la question mérite une étude attentive.

Voilà un parqueur autorisé à s'établir, grâce à une permission éminemment révocable. Il consacre à son établissement des sommes considérables, et il ignore complétement ce que l'avenir lui réserve. En cas de mort, que deviendra son industrie ? Entre quelles mains passera sa concession ? Les descendants directs ou indirects auront-ils un droit de préemption ? Sans doute, l'administration saura tout concilier dans sa haute impartialité; mais c'est là, pour beaucoup de gens, une simple espérance. Un espoir ne donne pas cette certitude liée seulement à des dispositions connues de tout le monde et arrêtées à l'avance.

En outre, comment calculer l'amortissement du capital? Aucune période de jouissance n'est prévue : c'est l'indétermination absolue.

Il y a là une réforme urgente à faire qui devrait porter sur deux points :

1° Concession à donner pour un temps déterminé avec renouvellement en faveur du détenteur, sauf les exigences d'intérêt public ;

2° Reconnaissance d'un droit de préemption pour les descendants ou d'une valeur à attribuer au parc en cas de mutation, et également d'un droit de préemption en faveur des riverains en face de leurs propriétés.

La concession à donner pour un temps déterminé aurait l'immense avantage de permettre au parqueur de calculer un amortissement ou total ou partiel qui lui donnerait une certitude pour l'avenir. Cette certitude engendre la confiance, et le progrès est inséparable de cette dernière.

Sous ce rapport, les ostréiculteurs français ont donné, une fois de plus, l'exemple de cette singularité de notre caractère national où apparaît tantôt une crainte exagérée, tantôt une audace incomparable.

On dit généralement que nous manquons d'esprit commercial, que les Anglais et les Américains, doués de plus d'initiative, savent mieux que nous s'aventurer dans des chemins non battus et arriver en industrie, grâce à ces qualités, à de merveilleux résultats.

Il n'est pas téméraire de dire que ni les Anglais ni les Américains n'auraient osé fonder une industrie qui dépend dans son existence d'une autorisation révocable du jour au lendemain. C'est là une instabilité qui aurait fait reculer les plus aventureux. Et ce qui le prouve, c'est que la législation américaine a été catégorique sous ce rapport.

Ainsi dans le Massachusetts, où l'on trouve cette huître boréale si recherchée, les concessions sont données pour vingt ans ; l'ostréiculteur, ses héritiers ou ayants droit ont le privilége exclusif des fonds concédés.

Dans le Rhode-Island, où les bords de la rivière de Providence sont remarquablement exploités pour la culture des huîtres, les concessions sont de cinq ans au minimum, dix au maximum.

Dans le Connectitut, chaque autorisation indique la durée de la concession faite.

Mais il y a plus encore : non-seulement on proclame ainsi en Amérique qu'une durée de concession est indispensable, mais dans bien des cas, on reconnaît aux riverains le droit absolu de faire de l'ostréiculture en face même de leurs propriétés. C'est ce qui existe dans les États de New-York, New-Jersey, Delaware, Maryland, etc.....

Par ces dispositions, le législateur a bien voulu montrer que l'activité humaine peut et doit se développer non-seulement dans le domaine de la terre, mais dans celui de la mer; il a compris qu'il fallait laisser toute initiative à ceux qui font à la fois de l'agriculture et de l'aquiculture, et sans pénétrer dans la sphère industrielle, il a dégagé tous les obstacles et pris toute les mesures pour ne pas gêner l'ostréiculture dans son rapide essor.

Il y a là à la fois un exemple et un enseignement :

Un exemple, car malgré la richesse huîtrière des États-Unis, il existe une législation protectrice de l'ostréiculture qui nous manque en France où la pauvreté semblait, sous ce rapport, il y a peu de temps encore, aussi réelle qu'irremédiable ;

Un enseignement, car c'est en faisant du domaine maritime, non un domaine spécial, mais un domaine sur lequel il existe de vrais droits de propriété, qu'on habitue les populations aux choses de la mer et qu'on entretient et perpétue ces races de marins par goût et par passion dont l'Amérique s'honore à juste titre.

L'Angleterre qui, elle aussi, a eu à s'occuper de la décadence de l'industrie huîtrière, a fait procéder à une enquête. La principale conclusion de cette enquête est remarquable. Le devoir du gouvernement est tracé dans les termes suivants :

« Pourvoir à ce que les associations ou les « personnes obtiennent facilement un titre de

« possession assez sérieux des parties du fond
« de la mer où ils désirent opérer pour qu'ils
« puissent y engager les capitaux nécessaires à
« l'approvisionnement et à l'entretien de leurs
« pêcheries. »

Sur ce point aucun doute n'est possible ; l'ostréiculture française ne deviendra une industrie viable que le jour où son avenir sera assuré. Il dépend du gouvernement, et du gouvernement seulement, de remédier à la situation en concédant avec garantie de durée et faculté de transmission des parcs assez étendus pour faire à la fois de la reproduction et de l'élevage.

Que nous oppose-t-on ?

Que l'intérêt public peut nécessiter des travaux qui conduiraient à des expropriations, en cas de concession pour un temps déterminé avec droits acquis ?

Que la navigation ou tel autre intérêt maritime doit exiger la liberté du rivage maritime en entendant par liberté son asservissement entre les mains de l'État ?

Les réponses seraient faciles, et sur ce terrain de discussion, l'ostréiculture est inexpugnable.

Qui veut la fin veut les moyens.

Il est reconnu qu'au point de vue de la prospérité publique, du recrutement de nos marins, de notre puissance maritime, les industries de la mer doivent être soutenues à tout prix. Voilà le but à atteindre, voilà le point capital : tout ce qui est secondaire doit s'effacer.

En s'arrêtant à ces objections de détail qui ont de la valeur, sans doute, on ségare et bientôt la grandeur du but disparaît aux yeux. Or, c'est vers ce but qu'il faut sans cesse ramener l'État, il faut lui montrer qu'il y a là une œuvre qu'un gouvernement seul peut faire et que l'État fera, nous en avons la ferme espérance.

Réformes de détail. — A côté de ces réformes et innovations que nous appelons de nos vœux, il y a bien des progrès de détail à réaliser.

Nous avons établi de quelle importance était le courant pour la reproduction et l'élevage. Or, ce courant se trouvant dans les parties profondes, il faudrait systématiquement permettre aux ostréiculteurs de se rapprocher des chenaux. Nous avons montré que le courant était tout-puissant pour balayer les vases accidentellement jetées dans les parties profondes ; on peut, en conséquence, donner sans crainte toute facilité pour le nettoyage des parcs.

Nous avons montré quelle sollicitude avaient nos parqueurs pour le repeuplement des huîtrières; on peut donc permettre de se rapprocher des bancs. Ces derniers seront, de la part des intéressés, l'objet de la plus active surveillance et de la plus attentive sollicitude.

Enfin nous ajouterons qu'une répression sévère devrait être exercée contre le maraudage.

L'Amérique, où la centralisation occupe si peu de place, où chacun est presque conduit à se protéger lui-même, nous donne ici encore un remarquable exemple.

Dans le Rhode-Island, le vol d'huîtres est puni d'amendes variant de 120 à 600 francs, accompagnées d'un emprisonnement qui peut atteindre une année.

Dans le Connecticut, l'amende peut monter à 360 francs avec un emprisonnement de six mois.

Dans les autres États, la législation est aussi sévère.

Conclusion. — En un mot, faire étudier et relever les surfaces aliénables, donner des concessions à long terme avec droits acquis pour les détenteurs, étendre la liberté des parqueurs et édicter de sévères mesures de police, telle est la conclusion de notre étude sur le rôle de l'État dans l'ostréiculture.

Les parqueurs feront le reste. Sous ce rapport le passé nous garantit l'avenir; leur courage et leur énergie placeront l'ostréiculture au rang des premières industries françaises.

Qu'il nous soit permis de dire en terminant combien nous avons été heureux de voir tous nos parqueurs rendre à Coste l'honneur qui lui est dû ; tous font remonter à lui la gloire d'avoir fondé l'ostréiculture.

« Disons-le bien haut, s'écrie M. le docteur « Kemmerer, parce que cela est vrai, l'acadé- « micien Coste a été l'initiateur de cette science « nouvelle.

« Je sais que certains esprits, dévorés par une « jalousie malsaine, disputent à sa cendre à « peine refroidie ces premières ébauches scien- « tifiques; mais ses écrits, les écrits de tous les « ostréiculteurs de ces temps, sont là qui ver- « seront le ridicule sur ces inventeurs post- « humes. »

A ce cri indigné, nous voulons joindre les paroles pieuses et émues de M. Chaumel :

« Qu'il me soit permis en terminant, dit-il,
« de donner un souvenir d'affection et de recon-
« naissance à M. Coste, au savant professeur
« d'embryogénie à qui l'ostréiculture doit tout,
« car sans lui, de ce qui nous occupe ici, il n'y
« aurait rien, absolument rien.

« Après avoir marché pendant de longues
« années dans un sentier de croix et d'épines,
« bien souvent appuyé sur mon bras, il entre-
« voyait de ses yeux déjà presque éteints les lau-
« riers de la terre promise, quand il est mort à
« la peine. Si, plus heureux que mon cher maître,
« Dieu voulait que j'eusse l'honneur de les cueil-
« lir, ce serait avec une bien douce émotion que
« j'irais les déposer sur sa tombe. »

C'est avec bonheur que nous avons entendu cette touchante unanimité. On doit le constater, car notre siècle a vu naître des critiques dont la vue se blesse aisément de toute gloire. Il semble qu'ils veulent mesurer à leur taille tout ce qui est grand. Mais nos parqueurs bretons ont échappé à cette contagion ; comme ils ont pour ce qui est solide et vrai ce culte invariable et cette fidélité qui sont l'éternel honneur de leur race, ils ont proclamé leur admiration pour Coste, mis toute leur gloire à s'avouer humblement les disciples du maître, sentant bien que si la reconnaissance est un devoir, c'est aussi une noble qualité.

FIN.

TABLE DES MATIÈRES.

Paris. — Imprimerie Arnous de Rivière et Cᵉ, 26, rue Racine.

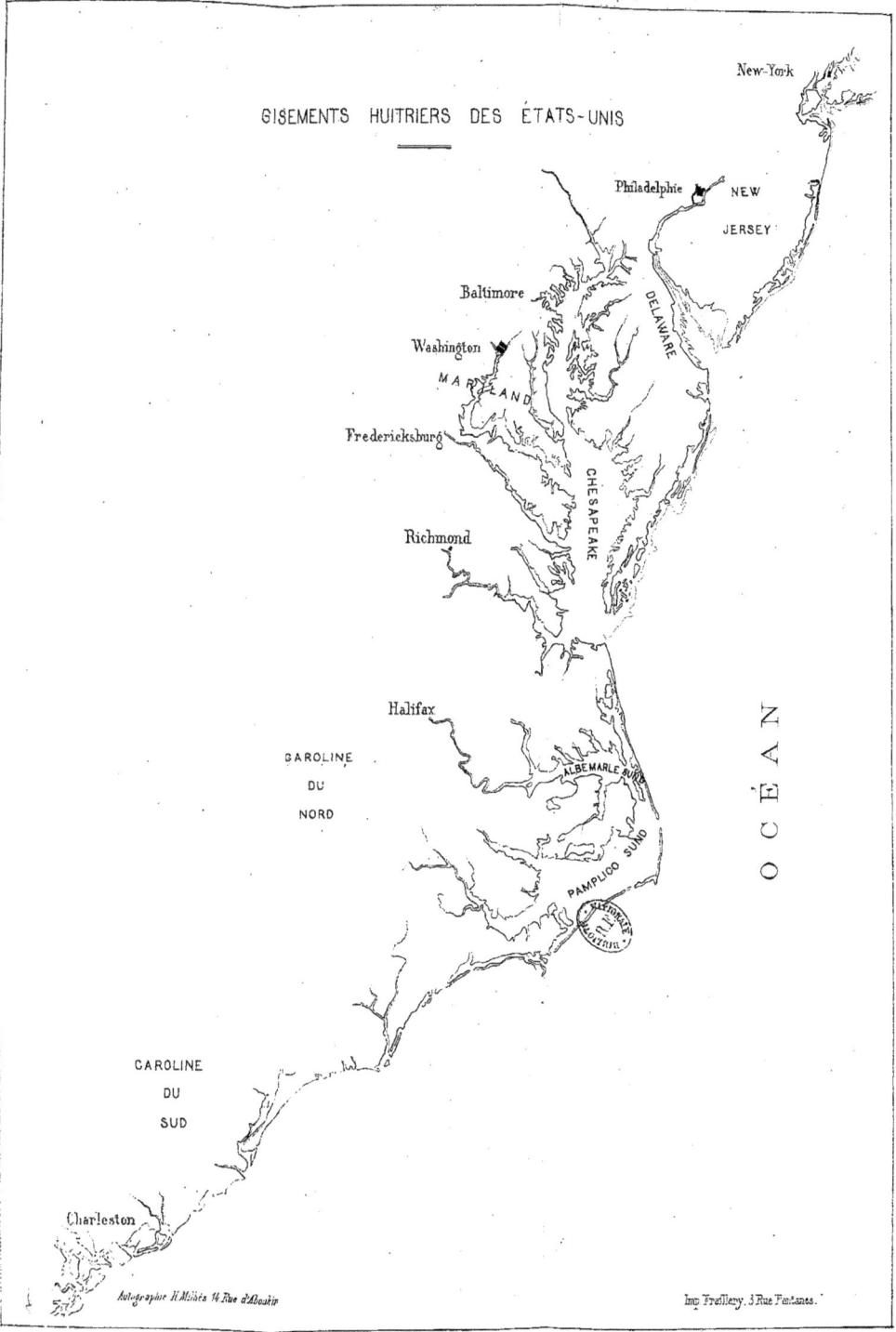

GISEMENTS HUITRIERS DES ÉTATS-UNIS

ÉTABLISSEMENT OSTRÉICOLE DE KERGURIONÉ

(M. MARTIN)

Plan général

Échelle de 1 à 9.500

CRACH

COMMUNE

DE

RIVIÈRE

ÉTABLISSEMENT OSTRÉICOLE DE LUDRÉ EN SARZEAU

(Mr POLRY)

LÉGENDE.

A.B Bassins pouvant contenir à 5/3 à mille huîtres
C.D Grands bassins: Élevage des huîtres ordent au naisse
E. Grand Terre de remise

ETABLISSEMENT OSTRÉICOLE DU TER
(M⁺ CHARUEL?)

RADE DE LORIENT

LÉGENDE

Kérolé

1, 2 .. Viviers pour l'étalage des
huîtres

Keronnan

1 .. Vivier à Lomards
2 .. Vivier pour nettoyage des
huîtres avant l'expédition
3 .. Parcs détalage pour
4 .. l'engraissement et la croissance
5 .. des huîtres et leur reproduction

www.ingramcontent.com/pod-product-compliance
Lightning Source LLC
Chambersburg PA
CBHW050119210326
41519CB00015BA/4021